动物
百科

# 有益动物

动物百科编委会　编著

中国大百科全书出版社

# 图书在版编目（CIP）数据

动物百科．有益动物 / 动物百科编委会编著．
北京 ：中国大百科全书出版社，2025. 1. -- ISBN 978
-7-5202-1808-5

Ⅰ．Q95-49

中国国家版本馆 CIP 数据核字第 2024QT6146 号

总 策 划：刘 杭 郭继艳
策划编辑：张会芳
责任编辑：李昊翔
责任校对：闫 娇
责任印制：王亚青
出版发行：中国大百科全书出版社有限公司
地 址：北京市西城区阜成门北大街 17 号
邮政编码：100037
电 话：010-88390811
网 址：http://www.ecph.com.cn
印 刷：唐山富达印务有限公司
开 本：710mm×1000mm 1/16
印 张：10
字 数：100 千字
版 次：2025 年 1 月第 1 版
印 次：2025 年 1 月第 1 次印刷
书 号：ISBN 978-7-5202-1808-5
定 价：48. 00 元

# —— 总　序

　　这是一套面向大众、根植于《中国大百科全书》第三版（以下简称百科三版）的百科通俗读物。

　　百科全书是概要记述人类一切门类知识或某一门类知识的完备的工具书。它的主要作用是供人们随时查检需要的知识和事实资料，还具有扩大读者知识视野和帮助人们系统求知的教育作用，常被誉为"没有围墙的大学"。简而言之，它是回答问题的书，是扩展知识的书。

　　中国大百科全书出版社从 1978 年起，陆续编纂出版了《中国大百科全书》第一版、第二版和第三版。这是我国科学文化建设的一项重要基础性、标志性、创新性工程，是在百年未有之大变局和中华民族伟大复兴全局的大背景下，提升我国文化软实力、提高中华文化国际影响力的一项重要举措，具有重大的现实意义和深远的历史意义。

　　百科三版的编纂工作经国务院立项，得到国家各有关部门、全国科学文化研究机构、学术团体、高等院校的大力支持，专家、学者 5 万余人参与编纂，代表了各学科最高的专业水平。专家、作者和编辑人员殚精竭虑，按照习近平总书记的要求，努力将百科三版建设成有中国特色、有国际影响力的权威知识宝库。截至 2023 年底，百科三版通过网站（www.zgbk.com）发布了 50 余万个网络版条目，并陆续出版了一批纸质版学科卷百科全书，将中国的百科全书事业推向了一个新的高度。

　　重文修武，耕读传家，是我们中国人悠久的文化传承。作为出版人，我们以传播科学文化知识为己任，希望通过出版更多优秀的出版物来落实总书记的要求——推动文化繁荣、建设中华民族现代文明，努力建设中国式现代化强国。

为了更好地向大众普及科学文化知识，我们从《中国大百科全书》第二版中选取一些条目，通过"人居环境""科学通识""地球知识""工艺美术""动物百科""植物百科""渔猎文明""交通百科"等主题结集成册，精心策划了这套大众版图书。其中每一个主题包含不同数量的分册，不仅保持条目的科学性、知识性、准确性、严谨性，而且具备趣味性、可读性，语言风格和内容深度上更适合非专业读者，希望读者在领略丰富多彩的各领域知识之时，也能了解到书中展示的科学的知识体系。

衷心希望广大读者喜爱这套丛书，并敬请对书中不足之处给予批评指正！

《中国大百科全书》编辑部

# "动物百科"丛书序

　　全球已知有 150 多万种动物，包括原生动物、多孔动物、刺胞动物、扁形动物、线形动物、苔藓动物、环节动物、软体动物、节肢动物、棘皮动物、脊索动物等，个体小至由单细胞构成的原生动物，大至体长可达 30 多米的脊索动物蓝鲸，分布于地球上所有海洋、陆地，包括山地、草原、沙漠、森林、农田、水域以及两极在内的各种生境，成为自然环境不可分割的组成部分。

　　除根据动物分类学将动物分类外，还可根据动物的种群数量、生活环境、对人类的利弊、生物习性等进行分类。有的动物已经灭绝，有的动物仍然生存繁衍。但现存动物中一部分已经处于濒危、近危、易危状态，需要我们积极保护。还有一部分大量存在的动物，有的于人类相对有益，如家畜、家禽、鱼虾蟹贝类、传粉昆虫、害虫的天敌等，是人类的食物来源和工业、医药业的原料，给人类的生存和发展带来了巨大利益；有一些动物（如猫、狗）是人类的伴侣，还有一些动物可供观赏。有些动物于人类相对有害，破坏人类的生产活动（如害虫、害兽）或给人类带来严重的疾病。动物的生活环境也不尽相同，有终生生活在陆地上的陆生动物，有水陆两栖的两栖动物，有终生生活在水中的水生动物，其中水生动物还可分为淡水动物和海水动物。此外，自然界的动物习性多样，有的有迁徙（洄游）习性，有的有冬眠习性。

　　为便于读者全面地了解各类动物，编委会依托《中国大百科全书》

第三版生物学、渔业、植物保护学、畜牧学等学科内容，组织策划了"动物百科"丛书，编为《灭绝动物》《保护动物》《有益动物》《有害动物》《常见淡水动物》《常见海水动物》《畜禽动物》《迁徙动物》《冬眠动物》等分册，图文并茂地介绍了各类动物。必须解释的是，动物的有害和有益是相对的，并非绝对的；动物的灭绝与否、受保护等级等也会随着时间发生变化，本丛书以当前统计结果为依据精选了相关的内容。因受篇幅限制，各类动物仅收录了相对常见的类型及种类。

希望这套丛书能够让更多读者了解和认识各类动物，引起读者对动物的关注和兴趣，起到传播科学知识的作用。

动物百科丛书编委会

# 目　录

# 第3章 天敌动物 35

# 传粉动物

## 蜜 蜂

蜜蜂是膜翅目蜜蜂总科的统称。

### ◆ 地理分布

蜜蜂在全世界均有分布,而以热带、亚热带种类较多,其具体分布取决于蜜源植物的分布。不同亚科或属的分布有一定局限性。例如,蜜蜂科的熊蜂以北温带为主,可延伸到北极地区,而在热带地区则无分布记录;短舌蜂科分布于澳大利亚;蜜蜂科木蜂族的突眼木蜂亚属只分布于中亚;蜜蜂科的无刺蜂属则分布于热带。不同景观均有蜜蜂分布,大多数栖居在荒漠草原、草原、森林草原、河谷和山地。各景观带均有代表属或种,例如地熊蜂为森林草原种,拟地蜂属为典型的草原属,准蜂属以草原种居多。

### ◆ 分类与演化

蜜蜂总科的分科一直意见不一,有学者将其分为分舌蜂科、短舌蜂科、低眼蜂科、地蜂科、隧蜂科、准蜂科、栉距蜂科、双刷蜂科、切叶蜂科、条蜂科及蜜蜂科11科;也有学者认为蜜蜂总科仅包含蜜蜂科1科,其余均作为亚科处理；还有学者提出，将蜜蜂总科和泥蜂总科合并为 1 个总科。

蜜蜂在全世界已知约 1.5 万种，中国已知约 1000 种。有不少种类的产物或行为与医学（如蜂蜜、蜂王浆）、农业（如作物传粉）、工业（如蜂蜡、蜂胶）有密切关系，它们被称为资源昆虫。

根据化石资料，蜜蜂在第三纪晚始新世（约开始于 5780 万年前，终于 3660 万年前）地层中已被大量发现。它的出现与白垩纪（约开始于 1.45 亿年前，结束于 6600 万年前）晚期显花植物的繁盛密切相关。在分类上，蜜蜂总科与泥蜂总科接近，其祖先可能起源于泥蜂总科的一支。两者的共同特点是：前胸窄、前胸背板两侧与翅基片隔离较远。但因食性不同，形态特征也趋向分化。蜜蜂的演化特点是：①嚼吸式口器，采粉器官形成，体毛分枝。②成、幼期均吃花蜜和花粉。③群体和社会性生活方式出现。④多态型和总科内寄生性的出现等。在昆虫纲中，蜜蜂属于高级进化的类群。社会性生活方式的出现、"语言"信息的传递、通过"舞蹈"动作辨认蜂巢的方法，以及巢的不同结构等，对于研究该总科的演化情况都有重大价值。

◆ 形态特征

蜜蜂一般体长 2～30 毫米。前胸背板不达翅基片，体被分枝或羽状毛，后足常特化为采集花粉的构造。成虫体被绒毛，足或腹部具由长毛组成的采集花粉器官。口器嚼吸式，适应吸食花蜜，是昆虫中独有的特征。全变态。

蜜蜂前翅具 2～3 个亚缘室。触角雌 12 节，雄 13 节。前胸不发达。

腹部可见节，雌性 6 节，雄性 7 节。雌性腹部末端具螫针（少数无），雄性腹部末端的外生殖器构造因科而异，是比较重要的分类特征之一。除少数种类体表光滑仅具少量绒毛和金属光泽外，大多数蜜蜂均被有各色羽毛或分枝状绒毛。雌性采粉器官发达，比较原始的分舌蜂科、地蜂科和隧蜂科在后足基节、转节和腿节上有长毛；条蜂科的腿节和胫节毛刷发达；社会性的蜜蜂科后足胫节和基跗节扁平，其两侧缘由长毛组成花粉筐，用以携带花粉；切叶蜂科的毛刷位于腹部腹面。雄性无采粉器官。寄生性种类体毛简单，无采粉器官。卵小，长卵圆形，光滑，精孔周围有花

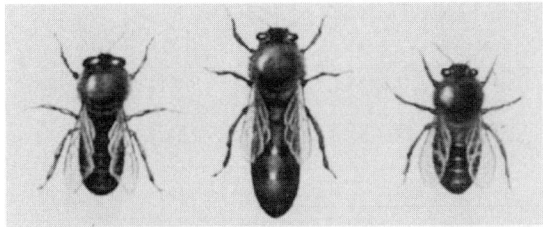

雄蜂　　　蜂王　　　工蜂

**中华蜂**

纹，乳白色。幼虫体粗肥，C 形，无足，无单眼，不活动，口器和触角均退化，体色淡。蛹为离蛹。

◆ **生物学习性**

蜜蜂于巢室内产卵，幼虫在巢室中生活，营社会性生活的幼虫由工蜂喂食，营独栖性生活的幼虫取食雌蜂贮存于巢室内的蜂粮，待蜂粮吃尽，幼虫成熟化蛹，羽化时破茧而出。家养蜜蜂 1 年若干代，野生蜜蜂 1 年 1～3 代不等。以老熟幼虫、蛹或成虫越冬。一般雄性出现比雌性早，寿命短，不承担筑巢、贮存蜂粮和抚育后代的任务。雌蜂营巢，采集花粉和花蜜，并贮存于巢室内，寿命比雄性长。

蜜蜂以植物的花粉和花蜜为食。食性可分为 3 类：①多食性。在不

同科的植物上或从一定颜色的花上（不限植物种类）采食花粉和花蜜，如意蜂和中蜂。②寡食性。自近缘科、属的植物花上采食，如苜蓿准蜂。③单食性。仅自某一种植物或近缘种上采食，如矢车菊花地蜂。各种类采访的花朵与口器的长短有密切关系。例如，隧蜂科、地蜂科及分舌蜂科等口器较短的种类采访蔷薇科、十字花科、伞形花形及毛茛科开放的花朵；而切叶蜂科、条蜂科及蜜蜂科的种类由于口器较长，则采访豆科、唇形科等具深花管的花朵。

生活方式分为 3 种，即社会性、独栖性、寄生性。

**社会性**

雌雄蜂和工蜂（又称职蜂）生活在同一巢中，但在形态、生理和劳动分工方面均有区别。雌性个体较大，专营产卵生殖；雄性较雌性小，专司交配，交配后即死亡；工蜂个体较小，是生殖器发育不全的雌蜂，专司筑巢、采集食料、哺育幼虫、清理巢室及调节巢温等。意蜂（意大利蜜蜂）和中蜂（中华蜜蜂）都是社会性种类。此外，还有熊蜂属、热带无刺蜂属、麦蜂属等。

**独栖性**

蜜蜂类绝大多数为独栖性，即雌蜂独自筑巢和采粉贮粮，它们没有"等级"的分化。每一个巢室都是开放的，内壁涂以蜡等防潮物质，室中储存足够的蜂粮。雌蜂在蜂粮上产卵，并封闭巢室。幼虫在巢内取食蜂粮。属于此类的大多是野生种类，如分舌蜂科、地蜂科、隧蜂科、准蜂科、切叶蜂及条蜂科。

在社会性与独栖性之间存在一些复杂的过渡类型，隧蜂属在这方面表现最为突出。但是不同种间也有一定程度的差异。例如：①缘隧蜂。为群居类型，个体间有社会分工，形态上（内部解剖）也略有区别。②断带隧蜂。几个雌蜂个体同居一巢，但无外部形态和内部解剖上的差异。③软隧蜂。有社会性萌芽，越冬的雌蜂停留在巢内，到6月中旬出现下一代较小的雌性个体（又称辅助蜂）时，它们与辅助蜂同筑新巢，贮备蜂粮。但辅助蜂不交配，只产发育为雄性的非受精卵，8月出现与雌蜂个体等大的雌雄后代，原来的雌蜂和辅助蜂相继死去。雄蜂交配后当年死亡，受精的雌蜂再行越冬。这类蜜蜂与典型社会性蜜蜂的不同之处在于，雌蜂于产卵前已准备好蜂粮。

**寄生性**

雌蜂不筑巢，在寄生的巢内产卵。幼龄幼虫一般具有大的头和上颚，用以破坏寄主的卵或幼龄幼虫。蜜蜂的筑巢本能复杂，筑巢地点、时间和巢的结构多样，筑巢时间一般在植物的盛花期。根据筑巢的地点和巢的质地，可分为以下几类：①营社会性生活的种类以自身分泌的蜡作脾，如蜜蜂属、无刺蜂属、麦蜂属等。巢室为六角形。②在土中筑巢的种类最多，巢室内部涂以蜡和唾液的混合物，以保持巢室内的湿度。③利用植物组织筑巢的多样。例如，切叶蜂属可把植物叶片卷成筒状成为巢室，置于自然空洞中；黄斑蜂属利用植物茸毛在茎上做成疣状的巢；芦蜂属和叶舌蜂属在枯死的植物茎干内筑巢；熊蜂属的一些种类在树林的枯枝落叶下营巢；木蜂属在木材中钻孔为巢等。④其他。如石蜂属利用唾液将小沙石粘连成巢，壁蜂属在蜗蝓壳内筑巢等。蜂巢一般是零星分散的，但也有同一种蜜蜂多年集中于一个地点筑巢，从而形成巢群。例如，毛足蜂属的巢口数可达几十个甚至几百个。

◆ **经济价值**

蜜蜂是对人类有益的昆虫类群之一。为农作物、果树、牧草及药用植物传粉，可使其产量可增加几倍至 20 倍。养蜂酿蜜在中国具有悠久的历史，中国人早在 4000 多年以前就已经开始饲养中蜂。世界上有蜜蜂 5000 多万群，年产蜂蜜 60 万吨左右。蜂蜜是人们常用的滋补品，有"老年人的牛奶"的美称；蜂王浆更是高级营养品，不但可增强体质，还可治疗神经衰弱、贫血及胃溃疡等慢性病；蜂毒对风湿、神经炎等均有疗效；蜂蜡和蜂胶都是轻工业的原料。

# 阿波罗绢蝶

阿波罗绢蝶是鳞翅目凤蝶科绢蝶属的一种。有访花吸蜜习性，有助于植物传粉。

◆ **地理分布**

阿波罗绢蝶在中国分布于新疆（天山），在国际上分布于欧洲各国和亚洲的土耳其、蒙古等国。

◆ **形态特征**

**成虫**

阿波罗绢蝶成虫翅展 79 ～ 92 毫米。翅白色或淡黄白色，半透明。前翅中室中部及端部有大黑斑，中室外有 2 枚黑斑，外缘部分黑

阿波罗绢蝶

褐色，亚外缘有不规则的黑褐带，后缘中部有 1 枚黑斑。后翅基部和内缘基半部黑色。前缘及翅中部各有 1 枚红斑，有时有白心，周围镶黑边。臀角及内侧有 2 枚红斑或 1 枚红斑、1 枚黑斑，其周围镶黑边。亚缘黑带断裂为 6 枚黑斑。翅反面与正面相似，但翅基部有 4 枚镶黑边的红斑，2 枚臀斑也为具黑边的红斑。雌蝶色深，前翅外缘半透明带及亚缘黑带较雄蝶宽而明显，后翅红斑较雄蝶大而鲜艳。

### 卵

阿波罗绢蝶卵扁平，表面有许多颗粒状的微小突起，排列规则。精孔周围稍凹，这里的微小颗粒显著比其他部分小。灰白色，精孔周围淡黄绿色。直径约 1.38 毫米，高约 0.85 毫米。

### 幼虫

阿波罗绢蝶 1 龄幼虫头部黑褐色有光泽，上生黑毛。臭角不明显。前胸背板黑褐色有光泽。身体暗黑褐色，下方色稍淡。前胸前半部泛橙黄色。肛上板几丁化，黑褐色。终龄幼虫体黑色，前胸至第九腹节亚背线上的圆形斑呈红色。

### 蛹

阿波罗绢蝶蛹暗褐色有光泽，覆盖灰白色粉。头部圆形，无突起。前胸的气门关闭。中胸圆形。前翅基部的突起呈钝角。腹部从背面看呈椭圆形，从侧面看向腹面弯曲，每一腹节气门上线各有 1 个浅凹。体长约 21 毫米。

### ◆ 生物学习性

阿波罗绢蝶成虫 8 月出现，生活在 750 ～ 2000 米的亚高山地

区。成虫的运动斑块受到幼虫与成虫食物资源的限制，运动范围在
260～1840米，在此范围内频繁运动。幼虫取食景天科景天属植物。

◆ 生活史特征

1年1代，以卵越冬。

◆ 濒危原因

造成阿波罗绢蝶濒危的因素主要有：①过度采集与贸易。②气候变
化、酸雨。③都市化及大量基础设施建设。④农业化及农药的大量使用。
⑤森林砍伐与生境破坏。

◆ 保护措施

阿波罗绢蝶为冰河期残余种，对研究凤蝶类的谱系演化及历史生物
地理学具重大意义；是高山草甸植被重要的传粉昆虫之一；此外，还可
供观赏，为世界名贵种。该种在波兰和西班牙早已灭绝，故在昆虫中最
早被纳入《濒危野生动植物种国际贸易公约》（CITES），被列为二级
保护种。在中国《国家重点保护野生动物名录》中被列为二级保护野生
动物。在世界自然保护联盟（IUCN）红皮书《受威胁的世界凤蝶》中
被列为R级（个体数量甚少）。不少国家和地区都已采取了有效的保
护措施，包括划栖息地为保护区、人工助殖、重引、植树造林、设立专
门公园保护等。

## 金斑喙凤蝶

金斑喙凤蝶是鳞翅目凤蝶科喙凤蝶属的一种。被誉为"梦幻中的蝴
蝶"，具极高的观赏价值，且有访花吸蜜习性，有助于植物传粉。

◆ **地理分布**

金斑喙凤蝶在中国分布于浙江（泰顺乌岩岭国家级自然保护区）、福建（武夷山、南平茫荡山）、广东（南岭、连平）、广西（大瑶山、融水苗族自治县）、海南（尖峰岭）、江西（井冈山、九连山）、云南（南部与东南部）等地，在国际上分布于越南、老挝等国。

◆ **形态特征**

**成虫**

金斑喙凤蝶是大型蝶类。翅展 81～93 毫米。雄蝶翅面灰黑，被有稠密带绿色光泽的鳞片，外缘带黑色，有黄绿色光泽，翅脉部位色更深。后翅中室外侧有较大的金黄色斑，斑内有蓝黑色、橘红色及绿色条斑点缀其间；外缘有端部呈黄色的尾状突起。前、后翅反面与正面的色斑近似，但色泽略浅，光泽亦不明显。雌性前翅翠绿色较少，大致与雄性反面相似；后翅中域大斑呈灰白色或白色，外缘月牙形斑呈黄色和白色，外缘齿突加长；其余与雄性相似。

金斑喙凤蝶雄蝶

**卵**

金斑喙凤蝶卵为淡紫红色或紫红色，较光滑，有暗光泽。扁球体状。

金斑喙凤蝶雌蝶

直径 2.4～2.5 毫米，高 1.45～1.55 毫米。单粒位于寄主植物叶面上，底部稍向内凹陷。孵化前 2～3 天卵体内部成混沌状，卵色开始变化。孵化前 1 天，卵体外壳变得透明，内部可见黑色虫体。

### 幼虫

金斑喙凤蝶 5 龄幼虫体长 68.0～70.0 毫米，前胸宽 7.0～8.0 毫米。在取食阶段，幼虫全身绿色，只在各节之间透出黄色。头部、腹面及腹足均为黄色，口端浅黄色。各节蓝色斑点渐不明显，位于后胸的内部亮白色外周红紫色的 1 对眼纹大而明显。背腹中央的白色斜纹消失，身体各节成无规律状分布的黑点较明显。胸足淡红紫色。丫腺黄色。在老熟幼虫阶段，全身以黄色和红紫色为主。体长不变，而胸部变得更加宽阔厚实。头部红黄色，胸足红紫色，腹足末端红紫色。身体各节散布着许多大小各异的红紫色斑块，这些斑块在第四、第五、第六腹节较集中。

### 蛹

金斑喙凤蝶蛹是缢蛹。体表粗糙，凹凸不平，体色以绿色和黄绿色为主。背面扁平而宽阔，近似菱形。头部向前突起，背面观轮廓呈抛物线状。前中胸间背侧面有 1 对褐色气门。中胸背面有 1 个十分明显的绿色喙状突起，突起超出蛹体 9 毫米，尖端圆钝，与体中轴略成直角，并稍向后倾斜。后胸背线两侧有 1 对不明显的深褐色斑纹，后胸背面靠近侧线处各有 1 个浅褐色呈疤状外突结构，该结构上方有 1 块褐色区域。腹部以第三腹节最为鼓突，自此向后逐渐收缩。第一腹节背线两侧有 2 对褐色斑纹，靠近背线的 1 对较小，远离背线的 1 对较大。背线绿色，侧面观背线在第二到第四腹节处突起呈驼背状。腹部背侧线分别有 1 条绿色带纹，从第三腹节一直延伸至腹部末端。丝垫褐色。

## 寄主

金斑喙凤蝶的寄主主要有木兰科的金叶含笑、深山含笑、广东含笑、光叶拟单性木兰。成虫喜欢吸食一种杜鹃花科植物的花蜜，有助于该种杜鹃花的传粉。

### ◆ 生物学习性

在行为上表现出对温度的主动选择性，幼虫在 17 ～ 24℃ 时取食行为活跃，雄蝶在 19 ～ 26℃ 时山顶行为活跃，均表现出中温选择性。然而，雌蝶多选择在正午时刻产卵，其间温度为 27 ～ 30℃，表现出高温选择性。雄蝶对生境地形表现出主动选择性，约 87% 的雄蝶选择飞向山顶，它们每日上午 6 点至 11 点在山顶聚集，绕圈飞行或停息，以山顶停息为主，占山顶活动时间的 78% 左右。雄蝶通常停息在山顶的高枝位叶片上或山顶周缘的叶片上，以便迅速发现并拦截飞经的雌蝶，获得交配机会。因而，金斑喙凤蝶在交配策略上主要采取雄蝶等候的方式。停息期间，雄蝶表现出明显的占区行为，首先停息在某一区域的雄蝶在领域权竞争中通常都是最后的胜利者，赢得领域，获得更多交配机会。

野外观察发现，金斑喙凤蝶的天敌种类较多，野外存活率偏低，最后羽化率仅为 38.9%。对于存活个体而言，它们已明显进化形成了一套复杂的防御体系，主要包括由保护色、颜色拟态、形状拟态等组建的初级防御体系和由眼斑展示、身体晃动、丫腺伸出等组建的次级防御体系。另外，老熟幼虫多选择在林下层的灌木丛或竹丛的隐蔽枝条上化蛹，化蛹高度为 2 米左右，这种对化蛹场所的主动选择行为可提高其蛹期的防御能力。

◆ **生活史特征**

金斑喙凤蝶在广西大瑶山1年发生2代，少数1年1代，以蛹越冬。成虫活动时间为每年的4月上旬至6月上旬和8月上旬至9月中旬。雌蝶产卵方式为散产，通常为一枝一叶一卵式。幼虫共5龄，老熟幼虫离开寄主植物在林下层各类植物上化蛹。主要在湿季（4～10月底，月降水量＞50毫米）生长、发育与繁殖后代。

◆ **濒危原因**

在自然选择作用下，金斑喙凤蝶对阔叶林生境的适应性行为特征非常明显。濒危原因有以下3点：①生境破坏、质量下降。如人为砍伐、人工林替换原始林、林下层垦殖等。位于这些破碎生境的金斑喙凤蝶正遭遇种群下降，甚至已局部灭绝。②自身生物学限制。如飞翔能力弱，迁徙能力差；雌雄比例严重失调；雌蝶产卵量少，卵的隐蔽性较差；幼虫成活率低，且寄生植物单一。③人为捕捉。

◆ **保护措施**

金斑喙凤蝶已被中国列为国家一级保护野生动物，被世界自然保护联盟（IUCN）红皮书《受威胁的世界凤蝶》列为K级（"险情"不详类），被《濒危野生动植物种国际贸易公约》（CITES）列入附录二中。

针对金斑喙凤蝶保护已采取的措施有：①将金斑喙凤蝶列入国家保护动物相关名录，通过国家法规政策进行保护。②开展了对金斑喙凤蝶的资源调查、生物学、形态学、保护生物学、行为特征、对生境的适应性及人工养殖技术等研究，为金斑喙凤蝶的保护提供理论基础。③建立了保护区对其进行保护，例如广西大瑶山国家级自然保护区和福建武夷山国家级自然保护区。

此外，还可从以下5个方面保护金斑喙凤蝶：①加强栖息地保护。②加强基础研究。③加强法制宣传和执法力度。④加强技术和经验的交流。⑤加强对保护区工作人员的培训。

## 双尾褐凤蝶

双尾褐凤蝶是鳞翅目凤蝶科尾凤蝶属的一种。又称二尾凤蝶、二尾褐凤蝶、云南褐凤蝶。有访花吸蜜习性，有助于植物传粉。

### ◆ 地理分布

双尾褐凤蝶在中国分布于云南、四川。

### ◆ 形态特征

双尾褐凤蝶成虫为中型大小。翅长40毫米左右。前翅黑色有光泽，有7条淡黄色细横带自前缘直达中脉，中间5条合并为3条达后缘。后翅狭长黑色，外缘呈扇形，后缘中下部稍内陷，臀角处有深缺刻，上方有3个尾状突，最前方1个较长，端部膨大呈棍棒状，近外缘有较大的透亮红斑，亚外缘有2个蓝色眼点及4个淡黄色月形斑，翅中央有不规则的淡黄色宽线。前翅反面色斑与正面相似，但后翅反面中室区内有一红斑，前面两个尾突间内侧有一橙色新月形斑。

**双尾褐凤蝶**

双尾褐凤蝶卵呈橙黄色，长 1.4 毫米。

◆ 寄主

双尾褐凤蝶幼虫取食马兜铃科马兜铃属植物。

◆ 生活史特征

双尾褐凤蝶 1 年发生 1 代。成虫多栖息于海拔 2000 米以上气候温和、冬季干旱晴朗、夏季较为潮湿的高山峡谷林地中。可产卵在叶背及叶柄上，同时也能产卵在枝梢上。卵期约 2 周。1 龄幼虫在睡眠时重叠在一起。

◆ 濒危原因

造成双尾褐凤蝶濒危的主要原因有：栖息地退化或丧失、环境变化、过度采集。

◆ 保护措施

双尾褐凤蝶已被列入《濒危野生动植物种国际贸易公约》（CITES）附录二中，是中国国家二级保护野生动物。可采取的保护措施有：①列入国家保护动物相关名录，通过国家政策对其加以保护。②将其重要栖息地建为自然保护区。③开展本底资源调查和生态、生物学方面的基础研究，为其保护提供科学依据。④开展人工养殖，增加其野生种群数量。⑤严禁商业性捕捉与采集。

# 三尾褐凤蝶

三尾褐凤蝶是鳞翅目凤蝶科尾凤蝶属的一种。又称三尾凤蝶、中华褐凤蝶。有访花吸蜜习性，有助于植物传粉。

◆ **地理分布**

三尾褐凤蝶是中国特有种，分布于陕西、四川、云南等地。

◆ **形态特征**

**成虫**

三尾褐凤蝶成虫体形中等，前翅长 45 毫米左右，雌蝶身体略大于雄蝶。前翅有 8 条自前缘至后缘的浅色横线，将翅面划分为 9 个带有青铜色光泽的黑色宽带区。后翅狭长，后缘中部内陷，外缘近扇形，有尾状突起 3 个，其中外侧上方 1 个较长，端部膨大成棍棒状，中室附近有黑色条纹和由刻点排列的线纹，黑色条纹的端部有一较大红色斑，近外缘有 4 个橙黄色新月形斑及 3 个蓝色点。前、后翅的反面较正面色

三尾褐凤蝶

浅，后翅有较宽的黄色线纹及 1 个淡黄色小斑。

**卵**

三尾褐凤蝶卵球状，光滑型，乳白色，型小，直径达 1.05 毫米。表面的精孔狭小，精孔内侧的侧枝短而直。

**幼虫**

三尾褐凤蝶初孵幼虫为乳白色，体长约 2.5 毫米。随着成长，淡黄色瘤状突起逐渐明显，而且体色的灰色也随之变浓，4 龄虫的棘状突起细长，从橙色变为红色，体色为灰褐色，背线明显，细而浓，5 龄虫的

体长约为 34 毫米，体色为黑褐色，背线清晰。

**蛹**

三尾褐凤蝶蛹体长约 25 毫米，中胸部最大幅度约 7 毫米，尾端方向变细，腹部第五到第七节的各节背面及侧面各有 1 对尖状突起。体色为褐色，后胸部背面的两侧各有 1 个乳白色圆形斑纹，在背面宽的部位有乳白色的楔子状的长形斑纹，直达尾端。

◆ **生物学习性**

三尾褐凤蝶一般栖息在亚高山地带（1500 ~ 2500 米）的灌丛地带。成虫每年 4 ~ 5 月出现，6 月中旬消失。5 月上中旬可见到卵。幼虫具有群居性，不食其蜕皮壳，也不吐丝。成虫飞行能力差。雄性有吸水习性，并喜在树冠上频繁飞行。幼虫取食马兜铃科的宝兴马兜铃等植物。

◆ **生活史特征**

三尾褐凤蝶 1 年发生 1 代，以蛹越冬。卵散产于寄主嫩叶上，卵期约 7 天。胸悬型化蛹模式，成熟幼虫即使到化蛹前也不吐丝。化蛹时将地表的枯叶卷起，在枯叶上蜕皮化蛹，该特性与其他近缘种完全不同。

◆ **濒危原因**

造成三尾褐凤蝶濒危的主要原因有栖息地生境破碎化、栖息地植被和寄主植物被破坏、气候变暖及人为捕捉。

◆ **保护措施**

三尾褐凤蝶已被列入《濒危野生动植物种国际贸易公约》（CITES）附录二中，在中国已被列入国家保护蝶类名录，是国家二级保护野生动物。

在中国，已对三尾褐凤蝶的生物学特性、分布现状、濒危原因等进行了初步研究。针对三尾褐凤蝶的保护现状，可采取以下保护措施：①就地保护。在栖息地大量种植寄主植物宝兴马兜铃，并在当地将三尾褐凤蝶人工养殖后放归野外，增加野生种群数量。②迁地保护。在原栖息地生态环境相近地区建立人工保护基地，种植寄主植物宝兴马兜铃，对三尾褐凤蝶进行迁地保护。③加强监管。杜绝野外非法捕采和野生三尾褐凤蝶的标本贸易，禁止对寄主植物宝兴马兜铃的采挖。④建立和保护栖息地或斑块间的廊道，加强种群间的基因交流。

# 中华虎凤蝶

中华虎凤蝶是鳞翅目凤蝶科虎凤蝶属的一种。又称中华虎绢蝶、虎凤蝶。有访花吸蜜习性，有助于植物传粉。

## ◆ 地理分布

中华虎凤蝶是中国特有种，分布于陕西（周至、太白、宁陕和华阴）、河南（鲁山）、四川（宜宾、攀枝花）、湖南（桃源）、湖北（罗田、武汉、长阳、咸宁、神农架、武当山）、江西（九江）、安徽（马鞍山）、江苏（南京）和浙江（长兴、余杭、杭州、平阳）等地。

## ◆ 形态特征

### 成虫

中华虎凤蝶成虫翅展 55 ～ 65 毫米。翅黄色。前翅上半部有 7 条黑色横带，其中基部第一、第二、第四条及外缘区的 1 条宽黑带直达后缘，且外缘宽带内嵌有 1 列黄色短条斑（外侧）和 1 条似显非显的黄色横线（内侧）。后翅外缘锯齿状，在齿凹处有黄色弯月形斑纹，在弯月形斑外侧有相应的镶嵌黑色和黄白色的边。翅的上半部有3条黑色带，其中基部1条宽而斜向内缘直达亚臀角；中后区有1列新月形红色斑，红斑外侧有不十分明显的蓝斑列；臀角有由红、蓝、黑三色组成的圆斑。尾突中长（短于长尾虎凤蝶，长于虎凤蝶）。

**中华虎凤蝶**

### 卵

中华虎凤蝶卵为立式卵，顶部圆滑，底部平，呈馒头形。直径0.97～1.00毫米，高0.72～0.80毫米。初产时淡绿色，具珍珠光泽，孵化前变成黑褐色。集中成片产于寄主植物叶片的背面。

### 幼虫

中华虎凤蝶幼虫头部坚硬，黑褐色，1～3龄时有光泽，老熟幼虫无光泽，密被黑色刚毛。单眼6枚，深黑色而光亮，半环状排列。头盖缝淡褐色。胸腹部深紫黑色，体表刚毛丛共6行，分别为：亚背线—气门上线丛2行，气门下线丛2行，基线丛2行。其中，气门下线丛着生在略呈半球形的大疣突上。各节的刚毛丛深黑发亮，中间常夹有1～2根白色的长刚毛。气门长椭圆形，深黑色。

### 蛹

中华虎凤蝶蛹体形粗短，粗糙不平，具金属光泽。体长15～16.5

毫米，宽 7.5 ～ 8.3 毫米。

## 寄主

中华虎凤蝶幼虫取食马兜铃科的杜衡、华细辛等植物。

### ◆ 生活史特征

中华虎凤蝶 1 年发生 1 代，以蛹越夏、越冬，部位多在枝干或树皮上、枯枝败叶下及石块缝隙中。成虫于 3 ～ 4 月出现，飞舞在潮湿的林间。卵初见于 3 月中旬，盛见于 3 月下旬、4 月初。4 月初至 5 月中旬为幼虫活动期，5 月上旬开始陆续化蛹。每一雌蝶的平均怀卵量为 122 粒，平均产卵量为 23.5 粒。

### ◆ 濒危原因

因栖息地面积减小、质量下降和寄主植物资源减少，造成中华虎凤蝶数量下降。该种分布局限于中国东部平原及丘陵地区。该地区的人口稠密化、都市化以及大农业化极大地破坏了该种的栖息与生存条件，加之多年来的贪婪采集与捕捉，已对该种的生存带来极大的危机。

### ◆ 保护措施

中华虎凤蝶华山亚种在中国已被列为国家二级保护野生动物，被世界自然保护联盟（IUCN）红皮书《受威胁的世界凤蝶》列为 K 级（"险情"不详类）。针对中华虎凤蝶野外种群现状，可采取的保护对策有：①保护现有中华虎凤蝶栖息地和寄主植物资源。对栖息地的保护不能简单地采取划地围栏方法，对人为干扰要区分是破坏性影响还是非破坏性影响。应允许非破坏性人为影响（如适度砍伐薪材）持续下去。②监控野外捕采和野生来源的标本贸易。对于数量已经很低的种群，过度人为采集有可能是毁灭性的。③必要时进行人工繁殖，补充野生种群。在进行充分的环境和生态影响评估后，对适宜中华虎凤蝶生存但现无其种群的地区，可实施人工引种，扩大其分布和种群。④对一定区域内的隔离种群实施人为个体交换，以增加种群的遗传变异和平衡遗传漂变的影响；但同时需保护特定地区的种群遗传特异性。

# 蜂　鸟

蜂鸟是雨燕目蜂鸟科鸟类的统称。因飞行时两翅振动发出嗡嗡声而得名。有 103 属 329 种，分布于拉丁美洲，北至北美洲南部，并沿太平洋东岸达阿拉斯加。

蜂鸟是体形最小的鸟类。羽色鲜艳且有金属光泽；嘴细长而直，有的下曲，个别种类向上弯曲；舌伸缩自如；翅形狭长；尾尖，呈叉形或球拍形；体被鳞状羽，大都闪耀彩虹色，雄鸟更为鲜艳；脚短，趾细小而弱。飞翔时，两翅急速拍动，快速有力而持久；最小的种类每秒可拍动 50 次以上。

蜂鸟善于持久地在花丛中徘徊"停飞"，有时还能倒飞。除两翅振动发声外，还会发出清脆、短促、刺耳、犹如蟋蟀的吱吱声。"停飞"

紫冕蜂鸟　　金喉红顶蜂鸟　　红玉喉北蜂鸟　　刀嘴蜂鸟

蜂鸟

在花间时，常将嘴伸入花瓣中吮食花蜜，同时也捕捉花丛间的小昆虫为食。因此，蜂鸟也是传粉媒介动物之一。

蜂鸟巢呈杯状，置于稠密的枝叶间。营巢、孵卵、育雏等均由雌鸟承担。每窝产卵 2 枚。雏鸟晚成性。

# 太阳鸟

太阳鸟是鸟纲雀形目花蜜鸟科一属。共有 17 种，分布于亚洲南部、菲律宾群岛和印度尼西亚。中国有 6 种。

太阳鸟体形纤细，全长 79 ～ 203 毫米。嘴细长而下弯，嘴缘先端具细小的锯齿；舌呈管状，尖端分叉；尾呈楔形，雄鸟中央尾羽特别延长。此属的常见种是黄腰太阳鸟。雄鸟额和头顶前部呈绿色带金属光泽，头顶后部和枕部呈橄榄褐色；背部呈红色，下背及腰部呈亮黄色；尾上覆羽和中央尾羽与额部同色；颏、喉及胸呈鲜朱红色，远较背部红色鲜亮；下体余部呈淡灰黄沾绿色。雌鸟额至枕部呈灰褐色；眼呈灰色；上体呈橄榄绿色，腰和尾上覆羽沾黄；中央尾羽不似雄鸟那样细长；下体呈暗灰黄色。

太阳鸟性活泼，常单只、成对或成小群在次生阔叶林或开花的乔木、灌木上活动；成群觅食时，常互相唤叫。飞行能力强而急速，喜急鼓两翅悬飞在花前。主要以花蜜为食，用细长的嘴探入花朵，以管状的舌吸吮花蜜。部分鹤望兰科植物就是典型的蜂鸟传粉。太阳鸟也吃花蕊、蜘蛛、膜翅目昆虫、蚁类、双翅目昆虫、寄生蜂、虻类以及种子等。

太阳鸟巢呈梨状，有的巢外以苔藓根、杂草构成，内衬以纤细的花茎，巢内有由细丝状的种子绒毛构成的厚垫；有的巢外以苔藓根和其他树枝掺以苔藓和蜘蛛丝构成，内垫以棉花状纤维。在云南东南部和广东南部繁殖。

# 蝙 蝠

蝙蝠是哺乳纲翼手目小蝙蝠亚目动物的统称。除极地及一些大洋岛屿外，分布遍及全世界。蝙蝠科分布最广，包括 6 亚科 38 属约 275 种，其中鼠耳蝠、棕蝠几乎遍及全世界。伏翼蝠、暮蝠、大耳蝠、狭翼蝠等分布亦广。蝙蝠第二指末端无爪，耳壳外缘不连成圆圈。通常具耳屏或对耳屏。腭部后缘不超过臼齿。颊齿多数均具尖锐齿尖，为典型的食虫性结构。蝙蝠各种类的大小、毛色及其他形态差异很大，但一般鼻耳无特殊变异，以昆虫为食，少数种类食鱼。蝙蝠多数栖岩穴，亦栖于房舍、洞道、石缝、树洞中。

**大耳蝠**

小蝙蝠亚目中的美洲叶鼻蝠科通常具小鼻叶。取食花粉、花蜜、浆果或昆虫。因此，这类蝙蝠可帮助植物传粉。

# 第 2 章

# 环境友好动物

## 隐脉水虻

隐脉水虻是双翅目水虻科脉水虻属的一种。

### ◆ 地理分布

隐脉水虻在中国分布于黑龙江、辽宁、河北、北京、山西、山东、陕西、内蒙古、宁夏、甘肃、新疆、青海及云南，在国际上分布于亚洲、欧洲等地。

### ◆ 形态特征

隐脉水虻后缘翅脉退化，尤其 $M_1$ 脉，仅剩基部残余，故名隐脉水虻。成虫体长约 7.0 毫米，翅长约 5.5 毫米。头部黑色，稍宽于胸部或至少与胸部等宽，雄虫复眼相接而雌虫复眼宽分离。触角短于头部，柄节和梗节棕黄色，但柄节基半部黑棕色，鞭节灰棕色，6 小节，末端两小节变细，有 1 个黑色的钝

a 雄虫（背面观） b 雌虫（背面观）

c 雄虫（腹面观，示足）

**隐脉水虻成虫**

弯钩。胸部亮黑色，背板有浅黄色短毛，侧板和腹板有白色短毛。小盾片黑色，具2根棕黄色短刺。各足除基节黑色外，其他各节浅黄色。翅无色透明，$M_1$脉短，仅余残脉，$M_2$脉不达翅缘，盘室小。平衡棒棕色，球部浅黄色。腹部背板黄绿色，大部分个体具黑色的不规则的中央纵斑带，雌虫第三到第五背板黑色纵斑向两侧延伸较宽。雄性外生殖器第九背板端部稍拱起，基部有2个内凹。尾须长卵圆形。生殖基节长宽近相等，基部窄，中部侧缘外扩，生殖基节背面端突短，腹面愈合部中突长，三角形。生殖刺突指状，端部稍膨大，末端圆钝。阳茎复合体短粗，中部缢缩，末端分3叶，中叶长于侧叶，侧叶末端尖锐，中叶末端平截。

### ◆ 生物学习性

在欧洲，隐脉水虻成虫常见于5月中旬至9月上旬，为欧洲常见的水虻之一，生活于湿地沼泽、水池或池塘边。幼虫以水中腐烂的有机物为食，成虫常栖息于水边植物上，有访花习性。因此，在生活垃圾处理等方面有应用价值。

## 日本小丽水虻

日本小丽水虻是双翅目水虻科小丽水虻属的一种。

### ◆ 地理分布

日本小丽水虻在中国分布于辽宁、北京、山东、河南及河北，在国际上分布于日本。

◆ **形态特征**

日本小丽水虻成虫体长 3.2 ～ 4.8 毫米，翅长 3.5 ～ 5.0 毫米。头部金绿色或金紫色。复眼裸，雄虫相接，雌虫宽分离。雄虫触角鞭节 3 节，雌虫触角鞭节 4 节，第四鞭节较小，被极短的毛，触角褐色。胸部椭圆形，长稍大于宽，背部上拱，小盾片钝三角形，无刺。胸部金绿色，肩胛和翅后胛褐色，中侧片上缘具窄的浅黄色下背侧带，从肩胛一直延伸到翅基前。足黄褐色，但基节、后足股节（除最基部和端部外）、后足胫节端部 1/3 ～ 1/2（除最端部外）和第四、第五跗节褐色。翅透明，翅痣浅黄色，翅脉黄色至黄褐色。平衡棒浅黄色。腹部椭圆形，较扁平。

雄虫腹部黄色，但第五腹板黑色；雌虫腹部金紫色或金绿色。雄性外生殖器第九背板宽大于长，基部具大的凹缺，尾须细。

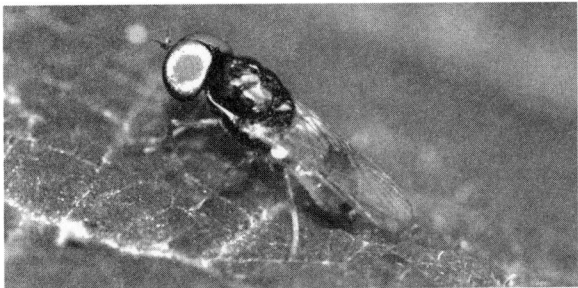

**日本小丽水虻成虫**

生殖基节宽大于长，端部较宽。生殖基节愈合部基缘圆，腹面端缘中央具 2 个三角形稍长的尖突，二突之间具窄深凹。生殖刺突近三角形，端部尖。阳基侧突稍短于阳茎或近等长，阳茎端部三裂。

◆ **生物学习性**

日本小丽水虻种群数量较大，成虫常栖息于花园、菜园等场所或路边灌木、杂草叶片上，幼虫以腐烂的有机物为食，因此在生活垃圾处理等方面有应用价值。

## 红斑瘦腹水虻

红斑瘦腹水虻是双翅目水虻科瘦腹水虻属的一种。

◆ **地理分布**

红斑瘦腹水虻在中国分布于北京、陕西、吉林、辽宁、西藏、广西、河北、山西、贵州、福建、湖北、浙江、广东、湖南、甘肃、河南、江西、山东、四川及云南，在国际上分布于日本、印度、印度尼西亚、马来西亚、巴基斯坦、斯里兰卡、澳大利亚及巴布亚新几内亚。

◆ **形态特征**

瘦腹水虻属的成虫体形修长，腹部扁平，故名瘦腹水虻属。

红斑瘦腹水虻成虫足黄色，但有红褐色或黄褐色斑，故此得名。成虫体长 9.5 ～ 12.1 毫米，翅长 7.6 ～ 10.4 毫米。头部金绿色。雄虫复眼几乎相接，雌虫复眼分离稍宽。额胝白色，颜黄色，下半部金褐色。后头外圈具直立缘毛。触角黄褐色，触角芒黑色。胸部背板亮金绿色，肩胝和翅后胝黄褐色，翅后胝有时稍带金绿色；侧板金绿色，中侧片上缘具浅黄色下背侧带。足黄色，但后足基节和后足胫节基部 1/3 ～ 1/2 褐色，后足第二到第五跗节黄褐色，有时第一跗节端部稍带褐色。翅透明，稍带浅黄褐色；翅痣浅黄褐色，

红斑瘦腹水虻成虫

不明显；翅脉黄褐色。平衡棒黄色。腹部细长，两侧几乎平行，金褐色。雄性外生殖器第九背板基部具大的 V 形凹缺，边缘锯齿状。尾须很长，指状。生殖基节基缘直，愈合部腹面端缘中部具 1 个内陷的方形中突，中突端部与生殖基节腹面端缘平齐；生殖刺突粗短，向端部渐窄，但端部圆钝；阳茎复合体端部三裂，尖细，分离；具 1 对阳基侧突，端部稍窄且向外弯。

### ◆ 生物学习性

红斑瘦腹水虻是常见的瘦腹水虻，种群数量较大，分布广。成虫常见于花园、菜园的植物叶片正面，偶尔住宅内可见；雌虫多产卵于禽畜粪便或田间堆肥中，幼虫腐食性。因此，在生活垃圾处理、畜禽粪便转化等方面具有应用价值。

## 日本指突水虻

日本指突水虻是双翅目水虻科指突水虻属的一种。

### ◆ 地理分布

日本指突水虻在中国分布于辽宁、北京、江西、山东、黑龙江、湖北、河北、江苏、山西、内蒙古、河南、四川、湖南、广东、上海、甘肃、浙江、安徽及香港，在国际上分布于日本、韩国和俄罗斯。

### ◆ 形态特征

日本指突水虻成虫体长 11.7 ～ 18.8 毫米，翅长 9.6 ～ 13.5 毫米。头部亮黑色，但额胛浅黄色。复眼黑褐色，裸。雄虫复眼稍分离，上额向头顶渐宽，雌虫复眼宽分离，额两侧几乎平行。后头强烈内凹。触角梗节内侧端缘向前突出呈指状，鞭节前缘平截或稍凹。触角黑褐色，触角芒黑色。胸部近长方形，黑色，小盾片钝三角形，后小盾片背视可见，肩胛黄褐色。足黑色，但前足股节端部，前足胫节基部 1/3 外表面，中足胫节基部外表面，中足第一、第二跗节黄褐色。翅黄褐色，翅脉褐色。平衡棒黑色，柄黄褐色。腹部纺锤形，黑色，第二节白色，但第二背板侧边和中部三角形区域黑色。第二到第五背板端部两侧具银白色三角形毛斑。雄性外生殖器第九背板两端宽，中部最窄，基部具梯形凹缺。尾须强烈延长，长于第九背板，向端部渐细，密被黑毛。生殖基节愈合部端缘中部具 2 个小突，生殖基节背桥端缘具 2 个指状突，生殖刺突向端部渐细，近端部具 1 个扁平的大背叶，阳茎复合体端缘平。雌虫尾须 2 节，黑色。

a 背面观

b 侧面观

**日本指突水虻成虫**

◆ **生物学习性**

日本指突水虻较喜欢冷凉的环境，在山东地区幼虫期约 15 天，成虫期约 10 天。日本指突水虻是常见的指突水虻，广布中国各地，成虫常见于室外厕所、粪池、禽畜饲养场等场所，幼虫以腐烂的有机物和禽畜粪便为食。因此，在生活垃圾处理、畜禽粪便转化、高蛋白饲料生产等方面有很大的应用价值。

# 金黄指突水虻

金黄指突水虻是双翅目水虻科指突水虻属的一种。

## ◆ 地理分布

金黄指突水虻在中国分布于北京、江西、河北、湖南、辽宁、浙江、贵州、海南、河南、江苏、广西、广东、陕西、四川、山西、山东、福建、云南、湖北、安徽及台湾，在国际上分布于俄罗斯、日本、印度、越南、马来西亚及印度尼西亚。

## ◆ 形态特征

指突水虻属成虫触角第二节内侧向前呈指状突出，故得名。

金黄指突水虻成虫体金黄色，故此得名。成虫体长11.3～21.4毫米，翅长11.5～20.9毫米。头部橘黄色，后头黑色。复眼黑褐色。雄虫复眼相接，雌虫额分离较宽，颜膜质。后头强烈内凹，外圈具1圈向后直立的缘毛。触角橘黄色和芒黑色；梗节内侧端缘向前突出呈指形，鞭节前缘平截或稍凹。胸部橘黄色，近长方形，小盾片钝三角形，后小盾片背视可见。足橘黄色，有时后足股节端部、后足胫节和跗节颜色稍深。翅橘黄色，但端半部黑色，后部浅黑色。平衡棒橘黄色，球部稍带黑色。腹部纺锤形，橘黄色，但第四到第六节中部具大褐斑，有时第二到第三背板中

**金黄指突水虻成虫**

部和第三腹板中部也具褐斑。雄性外生殖器第九背板基部具大弧形凹缺，无背针突，尾须宽短。生殖基节基缘稍凹，愈合部腹面端缘中部稍凸，突起顶端具极小的缺口。生殖刺突基部宽，向端部渐细，顶端尖锐。阳茎复合体大，中部最宽，端缘平，中部稍凹。雌虫尾须2节，黄褐色至黑色。

◆ **生物学习性**

金黄指突水虻是常见的指突水虻，广布中国各地，成虫常见于室外厕所、粪池、禽畜饲养场等场所，幼虫以腐烂的有机物和禽畜粪便为食。

◆ **生活史特征**

金黄指突水虻在中国广东地区1年发生5～6代，世代重叠明显，以预蛹或蛹越冬。4月中旬出现越冬代成虫，5月下旬完成第一代，11月中旬后野外未见成虫和卵。室内饲养条件下6～9月完成1个世代需要35～45天，而在4月、5月、10月、11月完成1个世代则需40～60天。

◆ **经济价值**

金黄指突水虻富含氨基酸、钙、磷等化学物质，特别是富含植物性饲料中缺乏的精氨酸、色氨酸等，是优质的饲料添加剂，且幼虫以腐烂的有机物和禽畜粪便为食。因此，在生活垃圾处理、畜禽粪便转化、高蛋白饲料生产等方面有很大的应用价值。


## 亮斑扁角水虻

亮斑扁角水虻是双翅目水虻科扁角水虻属的一种。又称黑水虻。

◆ **地理分布**

亮斑扁角水虻在全世界广泛分布。中国分布于北京、内蒙古、河南、安徽、浙江、湖北、山东、广东、福建、云南、广西、海南及台湾。

◆ **形态特征**

亮斑扁角水虻成虫腹部前端具 2 个近方形半透明白斑且触角末端一节扁平，故名亮斑扁角水虻。成体长 12.7 ～ 17.8 毫米，体黑色，后头和颜具浅黄斑。触角细长，第八鞭节明显延长且扁平，雌虫第一到第三鞭节膨大。中胸小盾片无刺。足黑色，但前足胫节背面基部 1/3 处、后足胫节基部 1/3 处和跗节白色。翅茶褐色，但翅瓣无色透明，翅痣颜色稍深，但不明显。平衡棒白色，基部浅褐色。腹部红褐色，背板前端具 2 个近方形白色半透明斑；第一腹板端半部和第二腹板白色稍透明。雄性外生殖器生

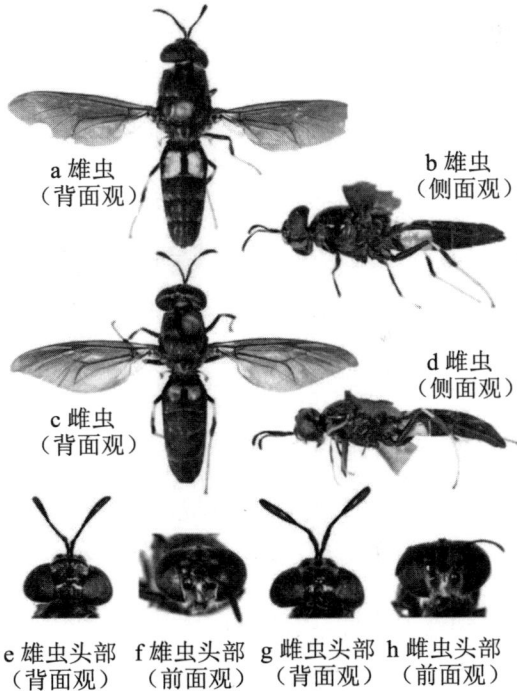

a 雄虫（背面观）

b 雄虫（侧面观）

c 雌虫（背面观）

d 雌虫（侧面观）

e 雄虫头部（背面观）　f 雄虫头部（前面观）　g 雌虫头部（背面观）　h 雌虫头部（前面观）

**亮斑扁角水虻成虫**

殖刺突与生殖基节强烈愈合，生殖刺突端缘中部凸，内侧具 1 个小乳头状突，顶端具 1 丛刷状毛，外侧具 1 个较大的乳头状突。阳茎复合体明

显细长，三裂叶，3 叶等长，渐细呈针状，明显分开。

◆ **生活史特征**

亮斑扁角水虻雌虫在正在分解的有机物上或周围干燥缝隙中以卵块的形式产卵，1 个卵块可包含 1000 个左右的卵，卵孵化时间 4 ～ 14 天不等。幼虫 6 龄期，半头无足型幼虫，1 ～ 4 龄体乳白色；5 龄幼虫体黑或灰黄色，表面粗糙；6 龄为预蛹，体黑色。从卵孵化到进入 6 龄约 18 天，预蛹抗逆性较强，可存活 2 周至 5 个月不等。蛹为围蛹，室温下 9 ～ 10 天羽化。成虫在光照条件下交配，为尾端相接头部相反的一字形交配方式。

◆ **经济价值**

亮斑扁角水虻幼虫取食动物粪便、腐烂水果及蔬菜等，食量大，抗逆性强，因此可以用来处理禽畜粪便和餐厨垃圾。幼虫蛋白质含量高，体壁较薄，是很好的动物饲料添加剂，也可用于提取抗菌肽及提炼生物柴油等，有较高的经济价值。


# 乌 鸦

乌鸦是雀形目鸦科鸦属种类的统称。雀形目鸟类中个体最大的一群。分布几遍全球。

◆ **形态特征**

乌鸦全长 40 ～ 60 厘米。体羽大多呈黑色或黑白两色，黑羽具紫蓝色金属光泽；翅远长于尾；嘴、腿及脚呈纯黑色；鼻孔距前额约为嘴长的 1/3，鼻须硬直，达到嘴的中部。秃鼻乌鸦在中国东部至东北部广大平原地区高树上营群巢，通体呈黑色，嘴基背部无羽，露出灰白色皮肤。白颈鸦在华北以南平原至低山的高树上筑巢，很少结群，体羽呈黑色，有鲜明的白色颈圈。寒鸦为中国北方广大山区和近山区常见的小型乌鸦，胸腹白色并具白色颈圈，余部呈黑色；喜在崖洞、

**白颈鸦**

树洞、高大建筑物的缝隙中筑巢。大嘴乌鸦在中国东北以南的广大山区繁殖，体型较大，嘴粗壮，通体呈黑色。渡鸦是乌鸦中个体最大的，全长约 60 厘米，通体呈黑色，体羽大部分以及翅、尾羽都有蓝紫色或蓝绿色金属闪光，嘴形甚粗壮，在西藏自治区海拔 3000 米以上的高原和山区岩缝中筑巢。秃鼻乌鸦、寒鸦、大嘴乌鸦为中国东部和北部城市内冬季的主要混群越冬鸟类。

◆ **生活史特征**

　　繁殖期的求偶炫耀比较复杂，并伴有杂技式的飞行。雌雄共同筑巢。巢呈盆状，以粗枝编成，枝条间用泥土加固，内壁衬以细枝、草茎、棉麻纤维、兽毛、羽毛等，有时垫一厚层马粪。每窝产卵 5 ～ 7 枚。卵呈灰绿色，布有褐色、灰色细斑。雌鸟孵卵，孵化期 16 ～ 20 天。雏鸟为晚成性，亲鸟饲喂 1 个月左右方能独立活动。

◆ 生物学习性

乌鸦为森林草原鸟类，栖于林缘或山崖，到旷野挖啄食物。集群性强，除少数种类（例如白颈鸦）外，常结群营巢，并在秋冬季节混群游荡。行为复杂，表现有较强的智力和社会性活动。鸣声简单粗厉。杂食性，很多种类喜食腐肉，并对秧苗和谷物有一定害处。但在繁殖期间，主要取食小型脊椎动物、蝗虫、蝼蛄、金龟甲以及蛾类幼虫，有益于农。此外，因喜腐食和啄食农业垃圾，能消除动物尸体等对环境的污染，起着净化环境的作用。一般性格凶悍，富于侵略习性，常掠食水禽、涉禽巢内的卵和雏鸟。

# 第 3 章

# 天敌动物

## 白头鹎

白头鹎是雀形目鹎科鹎属的一种。又称白头翁、白头婆等。

### ◆ 地理分布

白头鹎曾是中国长江流域及其以南广大地区的常见鸟类，现在华北一带也很容易见到，分布广、数量多。

白头鹎共有 4 个亚种，中国有 3 个亚种。其中指名亚种是中国特有亚种，分布于辽宁、河北、北京、天津、河南、山东、山西、陕西南部、甘肃东南部、青海、云南东北部、四川、重庆、贵州、湖北、湖南、安徽、江西、江苏、上海、浙江、福建、广东、香港、澳门、广西等地。台湾亚种也是中国特有亚种，仅分布于台湾岛。海南亚种在中国分布于广西南部、广东西南部和海南岛，在国际上分布于越南北部。

### ◆ 形态特征

白头鹎是小型鸣禽，体长 17 ～ 22 厘米。雄鸟额与头顶黑色，两眼上方至枕羽为白色，老年个体的枕羽更为洁白。上体黄绿色，翅、尾暗褐色。下体白色，胸部有淡灰褐色宽带，腹部杂有黄绿色纵纹。雌鸟羽色似雄鸟，但黑羽染褐。虹膜褐色。嘴黑色。脚黑色。

◆ **生物学习性**

白头鹎主要为留鸟，一般不迁徙。主要栖息于海拔 1000 米以下的低山丘陵和平原地区的灌丛、草地、有零星树木的疏林荒坡、果园、村落、田边灌丛、次生林和竹林，也见于山脚和低山地区的阔叶林、混交林、针叶林及其林缘地带。常呈 3 ～ 5 只至十多只的小群活动，冬季有时亦集成 20 ～ 30 只的大群。多在灌木和小树上活动，性活泼，常在树枝间跳跃，或飞翔于相邻树木间，一般不做长距离飞行。善鸣叫，鸣声婉转多变。杂食性，动物性食物主要有鞘翅目、鳞翅目、直翅目、

白头鹎

半翅目昆虫和幼虫，特别是在繁殖季节，几乎完全以昆虫为食，也吃植物果实与种子。属于益鸟，在植物保护中有较大作用。

◆ **生活史特征**

白头鹎的繁殖期为 4 ～ 8 月。营巢于灌木、阔叶树、竹或针叶树上。巢呈深杯状或碗状，由枯草茎、草叶、细枝、芦苇、茅草、树叶、花序、竹叶等材料构成。每窝产卵 3 ～ 5 枚。卵粉红色，被有紫色斑点，也见有呈白色而布以赭色、深灰色斑点，或白色而布以赭紫色斑点的。

◆ **保护措施**

白头鹎在中国已被列入国家林业和草原局《国家保护的有益的或者有重要经济、科学研究价值的陆生野生动物名录》，此外还有部分地区

已将其列入地方野生动物保护名单。

# 白鹡鸰

白鹡鸰是雀形目鹡鸰科鹡鸰属的一种小型鸣禽。又称马兰花儿、白颤儿、点水雀、白面鸟、白颊鹡鸰等。

## ◆ 地理分布

白鹡鸰在中国分布很广，几乎遍布全国各地，主要为夏候鸟，部分在中国的东南沿海各地、台湾岛和海南岛越冬。在国际上分布也很广，几乎遍布整个欧洲、亚洲和非洲。共有 11 个亚种，中国有 7 个亚种。

白鹡鸰

白鹡鸰在中国很多地方都很容易见到，分布广、数量大，是中国常见的夏候鸟之一。

## ◆ 形态特征

白鹡鸰体长 16 ～ 20 厘米。体色以及头、胸部的黑斑纹变异较大。上体自黑色至深灰色，尾羽黑色，外侧尾羽具显著白斑。额、头侧及颏、喉白色，有黑色过眼纹。翼上覆羽及飞羽具白斑，使翅呈黑白两色。下体白色，胸部具宽窄不等的黑色胸带。虹膜黑褐色。嘴和跗跖黑色。

## ◆ 生物学习性

白鹡鸰主要栖息于河流、湖泊、水库、水塘等水域岸边，也栖息于农田，湿草原、沼泽等湿地，以及水域附近的居民点和公园等地。常单独、成对或呈 3 ～ 5 只的小群进行活动。迁徙期间也可见十多只至 20 余只的大群。多栖于地上或岩石上，有时也栖于小灌木或树上，多在水边或水域附近的草地、农田、荒坡及路边活动，或是在地上慢步行走，或是跑动捕食。鸣声清脆响亮，飞行姿势呈波浪式，有时也较长时间地站在一个地方，尾上下摆动。

白鹡鸰主要以鞘翅目、双翅目、鳞翅目、膜翅目、直翅目昆虫为食，属于益鸟，在植物保护中有较大作用。

◆ **生活史特征**

白鹡鸰繁殖期在 4 ～ 7 月。通常营巢于水域附近岩洞、岩壁缝隙、河边土坎、田边石隙以及河岸、灌丛与草丛中。巢呈杯状，外层粗糙、松散，主要由枯草茎、叶、根构成，内层紧密，主要由树皮纤维、麻、细草根等编织而成；巢内垫有兽毛、绒羽、麻等柔软物。白鹡鸰每窝产卵通常为 5 ～ 6 枚，孵化期 12 天。雏鸟晚成性，孵出后由雌雄亲鸟共同育雏，14 天左右雏鸟即可离巢。

◆ **保护措施**

白鹡鸰在中国已被列入国家林业和草原局《国家保护的有益的或者有重要经济、科学研究价值的陆生野生动物名录》，此外还有部分地区已将其列入地方野生动物保护名单。

## 灰鹡鸰

灰鹡鸰是雀形目鹡鸰科鹡鸰属的一种。又称马兰花儿、黄鸰等。

◆ **地理分布**

灰鹡鸰共6个亚种，分布于欧洲、亚洲和非洲。中国仅有1个亚种，即普通亚种，在中国很多地方都很容易见到，分布广、数量多，是中国常见的候鸟之一。在黑龙江、吉林、辽宁、内蒙古、河北、山西、陕西、甘肃、四川北部、青海东部和西藏南部等地均有分布，为夏候鸟，部分为旅鸟；迁徙期间也见于河南、山东、安徽、江苏、浙江、湖北、四川中部和西部及西南部、西藏南部和西部、青海东北部、甘肃西北部、祁连山及新疆等地；越冬于长江以南至东南沿海，包括台湾岛和海南岛，西至云南西部。

◆ **形态特征**

灰鹡鸰是小型鸣禽，体长16～19厘米。雄鸟上体灰褐色，尾上覆羽染绿；中央尾羽黑色，外侧尾羽黑褐色，具大型白斑。头具白色眉纹及黑色过眼纹。喉部夏季为黑色，冬季为黄色。翼下覆羽与背羽同色。飞羽黑色，内侧飞羽具明显白缘。下体黄色。雌鸟和雄鸟相似，但雌鸟上体绿灰色，颏、喉白色。虹膜褐色。嘴黑褐色或黑色。跗跖和趾暗绿色或角褐色。

◆ **生物学习性**

灰鹡鸰主要栖息于溪流、河谷、湖泊、水塘、沼泽等水域岸边或水域附近的草地、农田、住宅和林区居民点，尤其喜欢在山区河流岸边和道路上活动，也出现在林中溪流和城市公园中。海拔高度从2000米的平原草地到2000米以上的高山荒原、湿地均有灰鹡鸰栖息。常单独或成对活动，有时也集成小群或与白鹡鸰混群。飞行时两翅一展一收，呈波浪式前进。飞行时不断发出鸣叫声。常停栖于水边、岩石、电线杆、屋顶等突出物体上,有时也栖于小树顶端枝头和水中露出水面的石头上,尾不断地上下摆动。主要以鞘翅目、鳞翅目、直翅目、半翅目、双翅目、膜翅目昆虫为食,常沿河边、道路行走或跑步捕食,有时也在空中捕食。属于重要的农林益鸟,在植物保护中有较大作用。

◆ **生活史特征**

灰鹡鸰繁殖期在 5 ～ 7 月,营巢在河边土坑、水坝、石头缝隙、石崖台阶、河岸倒木树洞、房屋墙壁缝隙等。巢呈碗状,外壁多以枯草叶、枯草茎、枯草根和苔藓构成。每窝产卵 4 ～ 6 枚。

◆ **保护措施**

灰鹡鸰在中国已被列入国家林业和草原局《国家保护的有益的或者有重要经济、科学研究价值的陆生野生动物名录》,此外还有部分地区已将其列入地方野生动物保护名单。

## 冕 雀

冕雀是雀形目山雀科冕雀属的一种。

◆ **地理分布**

冕雀共有 4 个亚种,中国有 3 个亚种。指名亚种在中国分布于云南西部的盈江、耿马、西盟和南部的勐海、勐腊、景洪等地,在国际上分布于尼泊尔、孟加拉国、印度阿萨姆、缅甸和泰国北部等地区。华南亚种在中国分布于福建南坪、福州和广西龙州等地,在国际上分布于中南半岛。海南亚种在中国分布于海南岛尖峰岭、吊罗山、五指山、霸王岭等地，在国际上分布于缅甸南部、马来西亚和印度尼西亚苏门答腊等地。

　　冕雀在中国虽然尚有比较稳定的种群数量，但分布区域较为狭窄，还需要加强保护。

### ◆ 形态特征

　　冕雀是小型鸣禽，体长 17 ～ 20 厘米。雄鸟头顶、羽冠、腹部和尾下覆羽辉黄色，余部黑色；雌鸟额、羽冠和腹部黄色较雄鸟稍淡而暗，头部、颈、背、腰和尾上覆羽呈亮橄榄绿色。颏、喉、胸呈暗黄褐色。翼和尾羽黑而微沾绿色。虹膜暗褐色或红褐色。嘴黑色。脚暗铅色。幼鸟和雌鸟相似，但羽冠不及成鸟长而显著。

### ◆ 生物学习性

　　冕雀是留鸟。主要栖息于海拔 1000 米以下的常绿阔叶林和热带雨林中，也栖息于落叶阔叶林、次生林、竹丛和灌丛。常单独或成对活动，偶尔也集成 3 ～ 5 只的小群，冬季有时也和雀鹛、噪鹛等其他鸟类混群。常在树顶枝叶间跳跃穿梭或在树冠间飞来飞去，也在林下竹丛和灌丛中活动和觅食。主要以鞘翅目、鳞翅目昆虫和昆虫幼虫为食，属于益鸟，在植物保护中有较大作用。

### ◆ 生活史特征

　　冕雀繁殖期为 4 ～ 6 月。营巢于天然树洞或树的裂缝中，也在墙壁缝隙中营巢。巢呈杯状，主要由苔藓、草叶、草茎等材料构成，内垫有兽毛和植物纤维。每窝产卵 5 ～ 7 枚，卵白色、被有红色或褐色斑点。

### ◆ 保护措施

　　冕雀在中国已被列入国家林业和草原局《国家保护的有益的或者有

重要经济、科学研究价值的陆生野生动物名录》，此外还有部分地区已将其列入地方野生动物保护名单。

# 乌　鸫

乌鸫是雀形目鸫科鸫属的一种。又称百舌、反舌、白舌、黑鸟、黑鸫、黑山雀等。

◆ **地理分布**

乌鸫共有9个亚种，中国有4个亚种。其中普通亚种是中国特有亚种，分布于四川、贵州、云南、湖南、江西、安徽、浙江、上海、福建、

乌鸫

广东、香港、海南和台湾地区，往北可达河南南部、陕西南部和甘肃西南部，在广东、海南和台湾地区多为冬候鸟，在西南等地区主要为留鸟。新疆亚种在中国主要分布于新疆和青海西北部，在国际上分布于中亚及阿富汗、巴基斯坦、伊朗、伊拉克等地。西藏亚种在中国主要分布于西藏，在国际上分布于巴基斯坦、印度和不丹。四川亚种也是中国特有亚种，仅分布于四川乐山、峨眉、成都和汶川等地，以及重庆巴南区。

◆ **形态特征**

乌鸫是中型鸣禽，体长20～28厘米。雄鸟上体包括两翼和尾等黑色，下体黑褐，颏部缀以棕褐色羽缘，喉亦微有此色渲染。雌鸟上体包

括两翼和尾黑褐色，背部较浅，额和喉均浅栗褐，缀以黑褐色纵纹，下体余部亦黑褐，但稍沾栗色；虹膜褐色，嘴橙黄色或黄色，脚黑褐色。

◆ **生物学习性**

乌鸫在中国主要为留鸟，在长江以北地区部分迁徙或游荡，随着气候变暖，分布区向北扩展趋势明显。主要栖息于次生林、阔叶林、针阔叶混交林和针叶林等各种不同类型的森林中，海拔高度从数百米到4500 米均可遇见，也见于农田地旁的树林、果园和城市公园、居民小区附近。常单独或成对活动，有时也集成小群。多在地上觅食。平时多栖于乔木上，繁殖期间常隐匿于高大乔木顶部枝叶丛中，不停地鸣叫。主要以鳞翅目、半翅目、膜翅目、鞘翅目昆虫为食，也吃马陆、蚯蚓、蠕虫、蜗牛、小螺等无脊椎动物以及植物果实和种子。属于农林益鸟，在植物保护中有较大作用。

◆ **生活史特征**

乌鸫繁殖期在 4 ～ 6 月。通常营巢于村寨附近、房前屋后、田园中乔木主干分枝处或棕榈树的叶柄间，巢距地高 2 ～ 15 米。巢呈碗状，主要由苔藓、稻草、植物根、茎、叶，并掺杂以棕丝、猪毛和泥土编织而成，巢内垫有须根等柔软物质。窝卵数 5 ～ 6 枚。卵淡蓝灰色，也有近白色的，被有深浅不等的赭褐色斑点，尤以钝端较密。孵化期14 ～ 15 天。

◆ **保护措施**

在中国，有部分省、自治区、直辖市已将乌鸫列入地方野生动物保护名单，但尚缺乏全国性的保护措施。

# 画　眉

画眉是鸟纲雀形目画眉科噪鹛属一种。因眼圈呈白色且向后延伸成眉状得名。分布于中国南部、越南及老挝的北部。

画眉体形似鸫，全长 197 ～ 245 毫米。通体呈棕褐色，腹部中央呈灰色。雌雄外形相似。栖息在山丘的灌丛和村落附近的灌丛、草丛中，在城郊的灌丛、竹林间也可见到。喜单独活动，有时也结小群，性机敏而胆怯。雄鸟好斗，常追逐其他种鸟类。受惊时，急速窜逃。飞翔能力不强，常在灌丛中边飞边跳，不作远距离飞行。主要以昆虫为食，有时也吃野果、植物种子。鸣声婉转，善于模仿其他鸟类鸣叫。在作物生长时期，能摄食大量害虫，对农林业有益。

# 塔六点蓟马

塔六点蓟马是缨翅目蓟马科食螨蓟马属的一种。

### ◆ 地理分布

塔六点蓟马在中国主要分布在新疆、吉林、河北、北京、河南、陕西、山东、湖北、湖南、四川、云南、广东、广西、江西、江苏等省、自治区、直辖市和台湾地区。

### ◆ 形态特征

塔六点蓟马雌成虫体长 0.7 ～ 0.9 毫米，橙黄色，前翅有 3 个黑褐色斑，分别位于基部、中央和近端部。上下脉鬃很长，色浓而均匀分布，上脉鬃 9 ～ 10 根。头顶中央有两对长鬃。单眼间鬃长。前胸背板前缘有长鬃4根、短鬃6根；后缘有长鬃6根、短鬃2根；侧缘各有长鬃1根、短鬃2根。触角8节，第六节内侧基部有感觉锥，向前延伸达第八节基部。

塔六点蓟马雄成虫体长1.0～1.1毫米，淡黄色，一般结构与雌虫相似。前翅长翅型，长度为前、后脉交叉处宽的12.8倍。仅翅胸及腹部背片有网纹、纵纹和横纹，侧片纵皱纹不明显。腹片有哑铃形腺域。

◆ **生物学习性**

塔六点蓟马主要捕食叶螨、蓟马等。8月份以后，果树上害螨减少，塔六点蓟马到附近的蔬菜等作物上捕食害螨，秋后回到果树上越冬。在新疆的柳树上，塔六点蓟马能捕食爬行的皮刺瘿螨，还能钻入瘿腔捕食瘿螨及卵。在江西的桑树上，塔六点蓟马主要分布在桑枝中、下部叶背的叶脉附近，一般以单个存在，捕食量较小，沿叶脉附近寻找桑蓟马若虫，捕杀1头若虫需30分钟左右。

塔六点蓟马能捕食二斑叶螨、朱砂叶螨、山楂叶螨、苹果全爪螨、柑橘全爪螨、截形叶螨、桑始叶螨、六点始叶螨、皮刺瘿螨、侧多食跗线螨、苜蓿苔螨、桑蓟马、节瓜蓟马等多种害虫，是果树等林木和其他农作物上重要的捕食性天敌。在北京果园和湖南、湖北棉田是叶螨的优势天敌；在陕西国槐树上、新疆枣园、吉林软枣猕猴桃园是截形叶螨的优势天敌；在新疆香梨园，塔六点蓟马对山楂叶螨的危害起着重要的调控作用；在湖南橘园是柑橘全爪螨的主要天敌；还是湖北梨园梨瘿蚊、梨瘿螨和梨木虱的优势天敌。在不同作物上，塔六点蓟马的优势天敌地位会有所变化，如在四川绣球花和茄子上为优势天敌，而在玉米上则不是。

### ◆ 生活史特征

塔六点蓟马 1 年发生多代，不同地区发生代数和发生高峰因气候和环境的差异而不同。以山东地区果园为例，1 年发生 8 ～ 10 代，以若虫在树皮缝、老皮下越冬。4 月下旬出现成虫，5 月成虫数量最多（在湖北梨园是 6 月中旬；在湖南棉田则是 7 月；在新疆枣园，塔六点蓟马在 7 月下旬出现第一个高峰，在 8 月中旬出现第二个高峰），6 ～ 10 月均有成虫发生。成虫和若虫均能捕食害螨，每头成虫 1 天捕食害螨 3 ～ 4 头，卵 1 ～ 2 粒。雌成虫一生能产卵 200 粒。

### ◆ 保护措施

在使用农药时，应使用对塔六点蓟马安全的药剂。多数有机磷和菊酯类杀虫剂对其伤害能力强，而苏云金杆菌、灭幼脲等则对其较安全。对塔六点蓟马无杀伤作用的哒螨灵对侧多食跗线螨具有较好的防治效果，能达到协同控制侧多食跗线螨的作用。对塔六点蓟马影响很小的氟铃脲，是一种特异性昆虫生长调节剂，杀虫谱较广，具胃毒和触杀作用，主要用于防治鳞翅目害虫。

其他的保护利用措施主要是改善塔六点蓟马的生存栖境，增加其数量。在山东苹果园，种植三叶草、紫花苜蓿能成倍地增加塔六点蓟马。在果树行间种植早熟大豆，豆叶上的叶螨能使塔六点蓟马大量繁殖。

## 康腹刺寄蝇

康腹刺寄蝇是双翅目寄蝇科刺腹寄蝇属一种。

◆ **地理分布**

康腹刺寄蝇在中国分布于浙江（天目山）、黑龙江、吉林、辽宁、内蒙古、北京、天津、河北、山西、山东、江苏、上海、安徽、江西、湖南、福建、台湾、广东、海南、广西、重庆、四川、贵州、云南、西藏。在国际上，中亚诸国、欧洲诸国、日本、中东诸国、俄罗斯（西部、西伯利亚）、印度、印度尼西亚、马来西亚（马来半岛、东马来西亚）、尼泊尔、菲律宾、泰国、澳大利亚、巴布亚新几内亚等地均有分布；也广布于非洲；北美洲新北区引入后广泛分布于东北部，也分布于加拿大英属哥伦比亚到美国加利福尼亚等地。

◆ **形态特征**

康腹刺寄蝇体中型，黑色，覆灰白色粉被。雄性额宽为复眼宽的 5/7，间额前端略宽于后端，与侧额等宽。侧额被黑色毛，和额鬃一起下降至侧颜达同一水平；侧颜宽度和触角第三节相等。触角全部黑色，第三节基部红棕色，长为第二节的 4 倍；触角芒黑色，基部 1/3 加粗。额鬃有 3 或 4 根下降至侧颜，最前方一根超过触角第二节末端的水平，无外侧额鬃；外顶鬃毛状，与眼后鬃无区别。颊被黑色毛，触角第三节末端至口缘的距离小于触角第二节长，后头上方在眼后鬃后方大部分被淡黄色毛；下颚须淡黄色，颊长为直径的 2 倍。胸部黑色，覆灰白色粉被，背面具 4 个黑色纵条，中间 2 个在盾沟后方愈合；翅内鬃 1+3；小盾片全黑色，具 1 对心鬃、4 对缘鬃，小盾端鬃向后上方交叉伸展。翅淡黄褐色，透明，翅肩鳞和前缘基鳞黑色，前缘刺不明显，$R_{4+5}$ 脉基部具 3 或 4 根小鬃，占基部脉段长度的 1/5；前缘脉第二脉段与第四脉段等长，下腋瓣白色，具淡黄色边缘。足除跗节黑色外其余棕褐色；前足胫节后鬃 2，爪与第五跗分节等长；中足胫节前背鬃 1；后足胫节具 1 行长短不齐的前背鬃。腹部腹面基部被黄色毛，背面具 1 个黑纵条。

◆ **生物学习性**

康腹刺寄蝇可寄生于柳叶蜂、棕尾毒蛾、苹毒蛾、落叶松毛虫和竹小斑蛾。康腹刺寄蝇为美国白蛾幼虫到蛹的跨期寄生性天敌。以蛹或幼虫在寄主蛹内越冬，营单寄生或多寄生。寄主范围广，对美国白蛾能够起到一定的控制作用。一般寄生率在 3% 左右。

## 麻蝇科

麻蝇科是双翅目的一科。

◆ **地理分布**

麻蝇科昆虫在世界范围内均有分布，大约包括 51 属 1800 种。

◆ **形态特征**

麻蝇科昆虫不同种之间个体大小差别较大，外形与丽蝇相似，但虫体黑色，胸部有并排的灰色条纹，无金属光泽。其雄性生殖器（尤其是阳茎部分）的形态在种间差异较大，常用来进行物种鉴定。

◆ **生物学习性**

麻蝇科大多数种类的幼虫为腐食性或尸食性，但是一些种类取食哺乳动物的组织或寄生蜜蜂、蝉、白蚁、蝗虫、千足虫等节肢动物以及蚯蚓、蜗牛等低等动物。麻蝇科昆虫的成虫取食富含糖类的物质，如花蜜和蜂蜜等。鉴于麻蝇科幼虫的食性特点，该科昆虫的一些种类在法医鉴定和害虫生物防治中具有一定的应用价值。

◆ **生活史特征**

麻蝇科昆虫以卵胎生的方式进行繁殖，大部分种类为腐食性，少数种类通过在哺乳动物的伤口上或其他昆虫虫体上产蛆营寄生生活。

## 黑卵蜂

黑卵蜂是膜翅目缘腹细蜂科的一类寄生蜂的统称。

黑卵蜂的雌蜂会在产卵后爬回到寄主的背面，用它的产卵器的末端以弯曲的方式在寄主卵的表面抓、划等给产过卵的寄主卵做物理性或化学性标记，以便自己和同种其他雌性个体识别从而防止过寄生现象。

全世界已知的黑卵蜂有 650 余种，中国研究较多的有夜蛾黑卵蜂，是草地贪夜蛾、斜纹夜蛾和甜菜夜蛾等鳞翅目夜蛾科害虫的重要寄生性天敌，寄生各种夜蛾科害虫的卵。

夜蛾黑卵蜂雌雄性体色均为黑色，体长 0.5 ～ 0.6 毫米。头横宽，且宽于胸部；头部几乎光滑。复眼散生短毛。雌性触角 11 节，第三到第六节念珠状，第八节到第十一节膨大成棒状；雄性触角 12 节，索节念珠状，胸部背面具细网纹，腹部稍长于胸部，第一和第二背板具短纵脊沟，其余各节光滑。卵呈不规则椭圆形，有卵柄。雄蜂羽化后会守候在未羽化的雌蜂旁，至雌蜂羽化后立即与其交配。

## 白蜡吉丁啮小蜂

白蜡吉丁啮小蜂是膜翅目姬小蜂科的一类昆虫，是农林业重要害虫白蜡窄吉丁的重要天敌。

## ◆ 地理分布

白蜡吉丁啮小蜂分布于中国东北地区。

## ◆ 形态特征

白蜡吉丁啮小蜂幼虫。老熟幼虫乳白色，半透明，蛆状，体呈纺锤形、无足，体节上气门不明显。正常发育的幼虫一般呈现乳白色或浅黄色，体长 1.5～3.5 毫米。

白蜡吉丁啮小蜂成虫。雌性成蜂体长 2.1～4.9 毫米，产卵管长 0.5～1.2 毫米。体呈铜绿色并具有金属光泽。触角柄节褐色，柄节顶端 1/4 部分呈棕色，梗节微红色，触角其他部分暗褐色。各足基节和腿节与体壁的颜色相同，转节暗褐色，末跗节棕色，腿节尖端、胫节和其余跗节黄色。翅透明，翅脉砖红色。触角窝较浅，洼底平滑。胸部中央稍鼓凸，中胸盾片和小盾片具精密的网状刻纹。足细长；后足基节后部粗糙，具不规则皱脊。腹柄环状，暴露在空气中变干后，标本变得很长、很细且背面凹陷，长为宽的 5 倍，长为头和胸总长度的 1.9～2.0 倍，宽度稍小于胸部。所有腹板背面均具精细网纹，且除第一、第二节外均具刚毛。尾须上有 1 根刚毛突出，约为其他 3 根刚毛的 2 倍长。产卵器露出腹末的长度约为末节背板的 0.1 倍。

与雌性成蜂不同，雄蜂体长 1.0～3.5 毫米，体深蓝色；触角柄节黑色，翅脉深褐色。额及触角窝副区的刺毛更为稀疏，触角具 4 个索节；柄节稍平，每个索节基部都较顶部宽，且近基部具黑色轮生刚毛，前翅的前室比缘脉短。胸部长是宽的 1.7 倍。腹部在空中干燥后，标本强烈收缩，比头胸之和稍短。

◆ **生活史特征**

白蜡吉丁啮小蜂寄生白蜡窄吉丁。该蜂在末龄幼虫化蛹前有一段静止时期，即预蛹期，持续 1～2 天。整个蛹期的颜色变化比较明显，首先自头部至胸部逐渐呈现黄色；然后眼部变为红色；腹中部变为黑色，之后腹部逐渐完全变黑、眼部变黑，直至整体完全变黑，呈黑褐色。

成虫羽化时先在头胸连接处出现边缘不规则的椭圆形小孔，通过腹部收缩逐渐脱离蛹皮，最后尾部与蜕粘连。最初成蜂静止不动，随后用足整理双翅，继而借助后足脱离蜕，整个蜕皮过程大约持续 2 小时。一般雄性成蜂羽化在先，羽化后成蜂在寄主为害树木枝干的皮部咬一个圆形羽化孔。白蜡吉丁啮小蜂成蜂对光具有正趋性。

## 多节小蜂科

多节小蜂科是膜翅目小蜂总科的一科。

多节小蜂科是小蜂总科内种类和个体数量均非常少的一类寄生蜂，只发现分别来自新西兰和智利的 2 个现存种。与其他小蜂科昆虫的主要区别表现在：触角 13 或 14 节，跗节 4 节，爪中垫缺失，前腹侧片缺失明显，盾片横截状。雌虫平均体长约 0.8 毫米，虫体褐色至黄色，并具有深色的刚毛窝；触角柄节常为褐色，梗节和鞭节黄白色至白色；除上颚和节间膜，口器为白色；前翅明显缩小、稍有弯曲、没有明显的翅脉，后翅缺失。雄虫体长约 0.7 毫米，与雌虫形态相似，但触角 12 节，体色较雌虫浅，复眼更小，交配器从腹部末端伸出约 0.2 毫米。

由于多节小蜂科的雌雄性成虫都为短翅，而且诱捕器监测表明该蜂栖息环境为土壤或落叶，所以推测其寄主为土栖性，具有生物防治的应用前景。

## 长背瘿蜂

长背瘿蜂是膜翅目环腹瘿蜂科的一亚科。在全世界均有分布。曾被认为是 1 个独立的科。包含 2 个族，即长背瘿蜂族和蚜重瘿蜂族。

长背瘿蜂体小型。前翅长 1.5 ～ 2.0 毫米，也有短翅或无翅的个体。雌性触角 13 节；雄性 14 节，第四节、少数第三节或第三到第五节腹面凹陷。前胸背板前方陡直，具突出的前缘脊。头顶、中胸背板、小盾片、中胸前侧片及腹部光滑。前翅 Rs+M 脉若可见时，则从 Rs 脉和 M 脉（基脉）的近中部发出。中足胫距常 1 个，后足胫距 1 ～ 2 个，长短不等。腹部第二背板基部有 1 圈长柔毛；雌性腹部侧扁，第二背板或愈合的第二和第三背板最大。长背瘿蜂族腹端圆形，第二、第三背板愈合，触角端部 2 节相同，仅含 2 个属，是木虱总科的初寄生者。蚜重瘿蜂族腹部端部平截，第二、第三背板可自由活动；触角端节形状与前节不同。

蚜重瘿蜂属和光瘿蜂属寄主都寄生蚜虫的蚜茧蜂亚科或蚜小蜂科。蚜虫是植物病毒最重要的昆虫介体，除通过吸食植物汁液造成植株受损、减产甚至死亡等直接危害之外，还可传播多种植物病毒病，造成更为严重的经济损失。雌瘿蜂产卵时将产卵器刺入蚜虫腹部，把卵产入位于蚜虫血腔中的初寄生蜂幼虫体内，直到初寄生者完成发育之后才孵化。产的卵如多个，则仅 1 个幼虫成活。瘿蜂幼虫不做茧，而是利用初寄生者所做的茧，因此，长背瘿蜂可用于生物防治。

## 马尾蜂

马尾蜂是膜翅目小茧蜂科的一种。又称马尾茧蜂。马尾蜂主要分布在日本、中国、朝鲜半岛、印度、老挝与泰国等地。

马尾蜂体长约 25 毫米，但产卵管却是其体长的十余倍。飞翔起来拖着长长的产卵管，如马尾一样飘逸，故有马尾蜂之称。触角粗壮，鞭节 50～80 节，中部至端部不渐细；端鞭节粗壮，通常近圆锥状，有时末端明显尖细，偶尔与近端部鞭节部分愈合，近端部鞭节宽明显大于长，中部鞭节宽大于长的 1.7 倍；柄节小，近球形，侧面观腹侧短于背侧，端部侧面或中部不具凹陷。上颚大，端部多少强烈扭曲；唇基下部不折入下唇基凹陷，且与上部分离处不具中脊；唇基与颜面分离处不具脊；颜面平坦，光滑具光泽，具稀疏刻点，有时刻点深。复眼光滑；复眼最短间距常位于触角窝水平上方；额相当平坦，具中纵沟，至少端部侧面具明显毛；头方形。胸大区域光滑具光泽，部分具刻点；前胸背板前端具明显带短刻条横沟，侧面主要光滑；盾纵沟一般仅在前 1/4 区域明显；中胸盾片大部分光滑，沿盾纵沟和中叶后端具毛；小盾片前沟完全光滑；小盾片表面微弱隆起；基节前沟缺失；中胸侧缝完全光滑；后胸背板中央区域前端形成明显短脊；并胸腹节多少具密毛。翅第二亚缘室略短于第三亚缘室，基部多少与端部等宽；前翅 1-SR+M 脉端部微弱、均匀弯曲；前翅 cu-a 脉常强烈后叉，内斜；前翅 3-cu1 脉端部常明显变粗；后翅 lr-m 长于 Sc+R$_1$ 脉；后翅 2-cu 脉和 2-1A 脉缺；后翅基部大部分具毛，但较后翅其余区域稀疏。前足胫节具 1 端距，略膨扩，前侧多少具密集加粗刚毛或刺；前足基跗节长小于最大宽的 4.6 倍；爪极细长，简单，基叶退化，仅在基部具一小突起。腹部大部分光滑具光泽；第一腹背板背脊仅前端具，有时呈薄叶状，且折叠形成坑状，背侧脊缺失；第二腹背板的两侧具亚侧纵沟；第二、第三腹背板间缝光滑，通常直，有时微弱弯曲；第三腹背板具或不具明显前侧区，后缘形成前侧沟，端部光滑；第三、第五腹背板缺近后缘横沟；产卵鞘长为前翅的 0.7 ～ 14.6 倍，端部具明显背结和腹齿。雄虫较雌虫触角更长，末端明显膨大，基部鞭节长大于宽的 2.0 倍；复眼更大；后翅 2-SC+R 脉绝不横向；第一腹背板较长、窄；第二至第五腹背板中部横沟更为发达。

马尾蜂利用"长产卵管"的身体优势，将管伸进蛀虫洞里很深的部位找到寄主幼虫，并在其身上产卵。因此，马尾蜂是生物防治的重要寄生昆虫之一。

## 白虫茧蜂

白虫茧蜂是膜翅目小茧蜂科一种。又称白虫小茧蜂。白虫茧蜂是一种寄生蜂，在紫胶生产上，可以用于生物防治。

### ◆ 生物学习性

白虫茧蜂在林间的活动常受各种环境因素的影响。气温、光照、风等条件不适时，寄生产卵活动往往受到限制。据林间观察，冬季寒潮低温期间，当白天气温上升到 16.5℃ 以上时，白虫茧蜂就能较正常产卵。若气温较低，就藏于杂草或落叶堆中。据测定这些小环境内的温度一般比林间气温高 1 ～ 2℃。但遇晴朗静风天气，即使气温稍低，仍可见白虫茧蜂活动。夏季气温较高，白虫茧蜂多在阴凉处活动，在阳光直射的胶被上则少见；一般早晨白虫茧蜂较活跃，产卵较频繁；8：00 以后气温升高，活动渐少，多停息于叶背等阴凉之处；17：00 以后，又恢复活动，产卵。夜间多停息于叶背、胶被上。风速对白虫茧蜂的活动亦有影响。风力较大时，一般都不活动，而风力小则活动正常。在适温情况下，下小雨时，白虫茧蜂仍能活动；中雨到大雨时，均躲藏于叶背等雨水淋不到之处。

在紫胶林间，白虫茧蜂的成虫以紫胶虫分泌的蜜露为补充营养。某些蝇类、蚂蚁、蜂类等也取食蜜露，它们在胶被上觅食、活动频繁，当白虫茧蜂在胶被上寻找寄主或在产卵时，往往因受干扰而飞去。紫胶虫分泌的蜜露为白虫茧蜂提供了营养，但遇久雨转久晴或长期干旱的情况，蜜露的浓度和黏度很大，覆盖着整个胶被，随后发生黑霉病，堵塞紫胶虫的呼吸和排泄孔道。在这种情况下白虫茧蜂难于在胶被上停留，影响正常产卵。人为的熏烟、喷洒农药常致白虫茧蜂成虫大量迁飞和死亡。

◆ **生活史特征**

白虫茧蜂仅寄生于体长 3 毫米以上的适龄白虫。雌蜂的产卵管较长，能沿着胶虫的肛突孔插入胶被，刺中白虫使之瘫痪，并产卵于其体表上。白虫茧蜂卵孵化后，幼虫即附在白虫体外表上吸食白虫体液，老熟幼虫在白虫尸体附近结茧化蛹，成虫羽化交尾后又在胶被上寻觅白虫寄生产卵。一般每头白虫可繁殖白虫茧蜂 2 ～ 5 头，最多可达 13 头；也常有只刺死而不产卵的情况。在林间，白虫茧蜂一般雌性多于雄性，性比（雌性∶雄性）为（1～4）∶1。在适温范围内，一般气温越高，白虫茧蜂的发育周期越短。在中国广州的夏季，11～13天就可完成一个世代。根据广州室内观察，在室内自然温度下1年可繁殖15代。在广东梅州丰顺县的自然条件下可繁殖14～15代。

### ◆ 寄生

白虫是紫胶生产上的主要害虫。白虫茧蜂能够起到较好的寄生效果。白虫茧蜂寄主至少有10种，适宜室内人工大量繁蜂的有白虫及棉红铃虫2种。在胶虫幼虫期毁坏胶被较厉害的本地白虫也是比较理想的寄主，但不易大量采集。

### ◆ 繁殖方法

#### 接种用具

接种笼。用100孔（或80孔）铜纱做成长22厘米、直径12厘米的圆筒形，下底用白布密封，上端接15厘米长的白布筒。

接种板。用坚实而无恶臭的木板制成，板长20厘米、宽10厘米、厚1.5厘米。在板上挖长1.5厘米、宽和深各0.5厘米的小槽多个。或用巴茅草茎干做成单行与以上同样大小的小槽若干，备接种之用。

接种纸。将棉纸上涂以稀胶水，撒上白虫粪便，晾干后用针刺上小孔。

#### 接种

白虫茧蜂接种步骤如下：①母蜂羽化后放入接种笼，饲以蜜水，使其交配，4～7天后可用于接种。②在接种板的每个小槽内各放入寄主幼虫一头，然后盖好接种纸，用大头针插紧。③按每个母蜂供箱 1 ～ 2 个寄主计算，将盛在接种板内的白虫按比例放入盛有母蜂的接种笼，进行接种。④接种 1 ～ 2 天后取出接种板，揭开接种纸，检查寄生情况，并用镊子取出未被寄生的白虫，供再次接种用，然后将接种纸盖好，以免寄生脱离寄主。⑤将检查过的接种板放入羽化笼（羽化笼与接种笼同，稍大些），在子蜂羽化前的 2 ～ 3 天，揭去接种纸，使子蜂自行羽化。⑥羽化的子蜂每天饲以新鲜蜜水，备散放之用。

为获得能适应野外自然条件的健壮子蜂，可在接种时供给最好的条件，如充足的光线、适宜的温度、肥胖而无病害的寄主等，接种后将其放在自然条件下，或接近自然条件下生长发育，同时要防止受风雨或鸟兽、害虫等的为害。

## 中华柄腹茧蜂

中华柄腹茧蜂是膜翅目茧蜂科外寄生于农林业重要害虫白蜡窄吉丁幼虫的一种天敌昆虫。又称白蜡吉丁柄腹茧蜂。在中国天津首次发现，对寄主害虫的控制作用较强，具有良好的生物防治利用前景。

◆ **形态特性**

中华柄腹茧蜂成虫体黑褐色，足为黄色。雌虫体长 3.5 ～ 4.3 毫米，前翅长 2.8 ～ 3.3 毫米，触角为 35 节。雄虫体长 3.4 ～ 3.8 毫米，前翅长 2.2 ～ 2.6 毫米，触角为 33 ～ 37 节。雌性个体一般较雄性个体大，且腹末端有一长约 2 毫米的尾针，即产卵器，据此可分辨性别。

中华柄腹茧蜂卵初产时堆状，无规则地黏附于白蜡窄吉丁幼虫体表，卵表面有一层胶状物质，利于黏附于寄主体表而不至于轻易被蹭掉。卵呈橙粒状，乳白色，半透明，略弯曲，一端粗，另一端稍细儿尖。幼虫呈乳白色，半透明，蛆状，体纺锤形，无头无尾亦无足，明显可见 13 节。幼虫取食 8 ～ 10 天后老熟，聚集结茧化蛹，所化蛹为裸蛹。

◆ **生物学习性**

中华柄腹茧蜂群集外寄生于白蜡窄吉丁幼虫体外，为抑性寄生方式，该茧蜂的寄主追随和攻击能力都较强。成虫具有趋光性，且雌性比雄性更敏感。成蜂喜温，在温度较高时活动性强。中华柄腹茧蜂具有很强的抗雨水能力，雌雄蜂均一样。在室内 15℃ 气温条件下将成蜂放入水杯中，茧蜂可漂浮于水面，并可用六足站立于水面上爬行或跳跃，很快到达杯壁并沿壁爬出。不同营养条件下中华柄腹茧蜂的存活时间差异很大，补充 20% 蜂蜜水的成蜂存活时间明显延长，最常可达 3 个月。

◆ **生活史特征**

中华柄腹茧蜂通常营两性生殖，在特定条件下也可进行孤雌生殖，但其后代均发育为雄性。中华柄腹茧蜂在天津 1 年发生 2 ～ 4 代，以老熟幼虫在寄主幼虫的蛀道内结茧越冬，越冬代在 9 月下旬至 11 月上旬结茧，其间所结的茧蛹一般当年不再羽化而进入滞育状态。次年 5 月底至 7 月中旬越冬代陆续羽化出蛰。

作为一种专性寄生蜂，中华柄腹茧蜂具有明显的寄主跟随现象。由于白蜡窄吉丁幼虫发生盛期为 7 ～ 8 月，6 月上旬仅有少量寄主幼虫，且多在较低龄期，故此时越冬茧蜂并不同时大量羽化，而是陆续羽化，以利于种群的延续。由于越冬代时间极不整齐，所以各世代严重重叠。

◆ **放蜂方法**

在实验林的中轴线上按一字形平均取 3 个点放蜂，时间的选择结合林间调查及往年资料。一般选择在林间白蜡窄吉丁大部分幼虫达 3 龄后，于晴天放蜂。

# 长痣小蜂科

长痣小蜂科是膜翅目小蜂总科的一科。

◆ **地理分布**

长痣小蜂科昆虫在中国安徽、湖北和山西等地均有分布。

◆ **形态特征**

雌虫体长 1.2 ～ 2.2 毫米，虫体深红褐色、略有光泽；复眼褐红色，单眼火红色；触角柄节黄色、顶部褐色，梗节和鞭节深褐色；胸侧片和翅基片浅褐色；膜翅透明，翅脉浅黄色；除转节外，足与虫体颜色相同；腹部末节背板和产卵器黄色。雄虫体长 1.6 毫米，与雌虫体色相同。触角柄节与中单眼接近；前翅有半球形翅痣，较雌虫翅痣略大；外生殖器略伸于体外。

◆ **生物学习性**

长痣小蜂科昆虫是小蜂总科中种类较少的一类寄生蜂，为植食性昆虫，通过在植物的茎、叶和种子上形成虫瘿，在虫瘿中营植物寄生性生活。长痣小蜂科昆虫可以在豆科葛根植物的叶片上形成虫瘿，一般每个虫瘿内有 1 头幼虫。一个叶片上有 20 ～ 50 个虫瘿，正面、背面都有，正面虫瘿为红褐色，背面为灰褐色。长痣小蜂每年 2 代，夏季世代的老熟幼虫为白色，越冬代老熟幼虫为红橙色，以老熟幼虫在葛根叶上的虫瘿内越冬，随叶片脱落落入土中。

◆ 应用

由于长痣小蜂科昆虫对葛属植物具有寄生性，而且自然寄生率可达45%～100%，因此可以作为入侵性杂草葛麻姆的天敌对该类杂草进行生物防控。

## 岭南黄蚜小蜂

岭南黄蚜小蜂是膜翅目蚜小蜂科的一种。

◆ 地理分布

蚜小蜂科已知有45属1000多种。在自然界中，蚜小蜂科昆虫大多数种类是农林作物上介壳虫、蚜虫、粉虱等重要害虫的寄生蜂，对害虫的种群发生数量有显著的调节作用。在中国，分布于福建、浙江、台湾、广东和香港等地。塞浦路斯、墨西哥、澳大利亚、印度、巴基斯坦、斐济、西班牙、牙买加和萨尔瓦多也有分布。

◆ 形态特征

**雌性**

雌性岭南黄蚜小蜂体长0.73～1.05毫米。体黄色，小盾片后缘具浅黑色窄边。胸部腹板弱微暗色，中胸腹板叉状内突常常仅纵干为浅黑色。腹部无色斑。触角柄节浅色，腹向微暗色，其余各节弱烟色。前翅基部在翅基片下方具1条黑色短条纹，缘前脉下方及斜毛区基部弱烟色，翅后缘、无毛斜带的外侧具1条暗褐色条纹。足黄色。

　　雌性岭南黄蚜小蜂复眼具细毛。上额发达，具一明显的下齿，中齿逐渐融合到截齿部分，下颚须2节，下唇须1。触角6节。柄节细长，长为宽的5～6倍，明显长于棒节（达1.2倍）；梗节长为宽的1.6～2.0倍，显著长于第三索节 (1.3～1.4倍)；第一索节略呈梯形，宽为长的1.2～1.6倍，第二索节近对称，第一索节短但略宽，宽为长的1.8～2.7倍，第三索节有差异，小个体长约等于宽，大个体长为宽的1.4倍，具2个（很少3个）条形感觉器；棒节长为宽的2.5～3.4倍，为第三索节长的2.6～3.0倍，并显著宽于第三索节，具5～7个条形感觉器。

　　雌性岭南黄蚜小蜂头顶和胸部背板网状纹。胸部毛纤细，色浅，60倍镜下可见。头部毛需在120倍镜下才能看到，腹部两侧的毛在120倍镜下仍难以辨清。头顶除短毛外，沿后头缘具2对长刚毛。中胸盾中叶9～13根（通常10～12根）毛。每盾侧叶2根毛，每三角片1根毛。小盾片4根毛，板形感觉器与2对毛约等距，或稍接近前一对毛，小盾片为中胸盾中叶长的3/4，后胸背板短，略呈弓形，后缘近呈直线，除两侧外具网状纹，前缘中央的表皮内突略粗壮，约与后胸背板等长或稍长。

　　雌性岭南黄蚜小蜂并胸腹节长为后胸背板长的4.6～6.3倍，为小盾片长的0.7～0.8倍，两侧网状纹，中间为阔网状纹，后缘无明显突出。扇叶突3+4～7+8，大，延长，强烈重叠，扇叶突的两部分明显分开，呈近中央的两组叶突。

　　雌性岭南黄蚜小蜂前翅长为宽的2.4～2.7倍，缘毛不超过翅宽的1/4，缘脉下方斜毛区30～51根毛，呈4～5列，斜毛较无毛斜带外侧的毛长而疏，与翅后缘的毛列不易分开。前缘室基端 1/2 ～ 3/5 具 1 列细毛，近端部 1 根粗毛。亚缘脉具 2 根长毛（很少 3 根），基向的一根毛为端向一根长的 3/5 ～ 7/10，具 12 ～ 23 个泡突。缘脉前缘具 9 ～ 13 根明显、近等长的刚毛，这些毛为缘脉中央一列毛长的 1.14 ～ 1.50 倍。

雌性岭南黄蚜小蜂中足胫节端距为基跗节长的 0.75 倍至近等长。

雌性岭南黄蚜小蜂腹柄节背板前侧缘具横条纹，中间部分横网状纹。第一至第五背板两侧网状纹，每侧网状纹区具 1 列 2 ～ 5 根细毛。第一背板中央窄的横网状纹；第二到第四背板前缘中央弱的横条纹，后缘为纵条纹，这些刻纹在第四背板上尤为明显；第五背板前缘中央横网状纹，后缘具纵条纹，近中央具 1 对细毛（很少 1 根或 3 根）；第六背板弱网状纹，气门之间具 1 列 3 ～ 6 根细毛（通常 4 根）。臀节背板三角形，弱网状纹，具 1 列 5 ～ 8 根毛。尾须较腹端更接近后气门，具 2 根长毛和 1 根短毛。产卵针为中足胫节长的 1.6 ～ 1.9 倍，第三产卵瓣为中足胫节长的 0.4 ～ 0.5 倍。

### 雄性

雄性岭南黄蚜小蜂体长 0.69 ～ 0.96 毫米。形态结构、毛序、刻纹和体色基本上与雌性相似，胸部腹板的色素通常比雌性稍浅。触角 6 节。柄节长为宽的 4.5 ～ 6.0 倍，约为棒节长的 1.3 倍；梗节长为宽的 1.7 ～ 2.0 倍，为第三索节长的 1.3 ～ 1.7 倍；第一索节宽约为长的 1.7 倍，第二索节宽为长的 1.3 ～ 2.0 倍，第三索节长约为宽的 1.3 倍，具 2 个条形感觉器（很少 1 个）；棒节长为宽的 2.6 ～ 3.0 倍，为第三索节长的 2.5 ～ 3.0 倍，且宽于第三索节，具 3 ～ 5 个条形感觉器，棒节腹向具 1 个类似被削切的短毛特化感觉区。

◆ **寄主**

岭南黄蚜小蜂可寄生为害柑橘和柚的红圆蚧、为害夹竹桃的圆蚧、为害柑橘的黄圆蚧和褐圆蚧等害虫。1947，年岭南黄蚜小蜂从中国引入美国加利福尼亚州防治柑橘上为害严重的红圆蚧取得成功。随后，岭南黄蚜小蜂被相继转引到土耳其、摩洛哥和南非等国防治红圆蚧，成为应用寄生蜂防治介壳虫的重大转折点。

## 梨圆蚧捕虱蚜小蜂

梨圆蚧捕虱蚜小蜂是膜翅目蚜小蜂科食蚧蚜小蜂属的一种。

◆ **地理分布**

梨圆蚧捕虱蚜小蜂在世界各地广布。食蚧蚜小蜂属是蚜小蜂科中一个很大的属，全世界已描述的种类超过了200种。中国已有分布的种类计21种。

◆ **形态特征**

梨圆蚧捕虱蚜小蜂体壮实，黑褐色至黑色，有时带黄色或橙黄色。头部背面观略宽于胸部，正面观横宽。复眼大，具毛。触角着生于颜面下部口缘的上方，8节；柄节稍短，略膨大；索节3节，通常长大于宽；棒节3节，一般较索节短，末端圆钝收缩。胸部较宽，前胸背板短，中胸盾中叶宽大于长，具较多的毛。每盾侧叶一般具3～4根毛，小盾片宽常不大于长，具3～4对长刚毛或具较多的短毛。三角片大，明显前伸，2个三角片之间的距离约为1个三角片的长度。前翅阔圆，缘毛甚短。

缘脉长于亚缘脉，亚缘脉具 2 根以上的刚毛。痣脉短，缘后脉有时明显。翅密布纤毛。足较粗。跗节 5 节，中足胫节端距短于基跗节。腹部常不长于胸部，产卵器一般不突出，或稍突出腹末端。

雄性触角柄节和梗节短，索节粗长。索节和棒节分别具较多的条形感觉器。雄性外生殖器无指突。

### ◆ 生物学习性

梨圆蚧捕虫蚜小蜂为蚧科介壳虫的寄生蜂。雄性个体往往营重寄生生活。多数种类的雄性在自己本种的雌虫上寄生发育。因此，梨圆蚧捕虫蚜小蜂可用于介壳虫等农林害虫的生物防治。

## 螟蛉埃姬蜂

螟蛉埃姬蜂是膜翅目姬蜂科一种可以寄生稻螟蛉的天敌昆虫。又称螟蛉瘤姬蜂。

### ◆ 地理分布

螟蛉埃姬蜂在中国分布于辽宁、江苏、上海、浙江、江西、湖北、湖南、四川、台湾、广东、云南等地。

### ◆ 形态特征

螟蛉埃姬蜂体长 8 ～ 13 毫米。头、胸部黑色；腹部赤褐色，末端 2 或 3 节黑色，有时不黑。头稍狭于胸，复眼在近触角窝处明显凹入；触角比体短。中胸无盾纵沟；并胸腹节中央有近于平行的纵脊 2 条，在中段之后向后角扩展。翅基片黄色，翅痣基角黄褐色，其余黑色，小翅室五角形。足粗壮，爪发达；足赤褐色，后足腿节末端及胫节基部和末

端的所有端跗节末端黑色；各足第一到第四跗节端部淡褐色。腹部背板
密布刻点第二到第五背板各节左右稍有瘤状隆起，近后缘亦稍隆起。产
卵器直而粗壮，约与腹末 3 节等长。

◆ **生物学习性**

螟蛉埃姬蜂为稻田常见的寄生蜂，除寄生于稻螟蛉外，还寄生于大
螟、二化螟、三化螟、稻苞虫、稻纵卷叶螟、黏虫及负泥虫等农林业害
虫。在幼虫期寄生，蛹期羽化。单寄生。在秋季，浙江稻田内此蜂颇多，
越冬代稻纵卷叶螟蛹中寄生率达 56.47%（中国宁波）。此外，还可寄
生于茶卷蛾、小黄卷蛾（棉卷蛾）、银纹夜蛾和红树卷叶蛾蛹等农林害
虫。有时亦作为重寄生蜂寄生于螟蛉悬茧姬蜂和稻苞虫凹眼姬蜂茧内。
因此，螟蛉埃姬蜂可用于稻螟蛉、大螟、二化螟、三化螟、稻苞虫、稻
纵卷叶螟、黏虫、负泥虫、茶卷蛾、小黄卷蛾、银纹夜蛾、红树卷叶蛾
蛹等农林害虫的生物防治。

## 吸　螨

吸螨是真螨目吸螨科螨虫的一种。

◆ **地理分布**

吸螨科有近百种，一些种分布在欧洲、美洲国家，以及澳大利亚。
中国也有许多种分布。

◆ **形态特征**

吸螨成螨体长为500微米左右，为中等至大型螨类（可达4000微米）。
颚体前伸成象鼻状，螯肢左右可动，末端有小螯钳。须肢有 5 节：转节、

膝节、基股节、端股节、胫跗节；长圆柱状，做肘状弯曲；胫跗节末端有 2 根长鞭毛。体柔软，背板或有或无。前足体虫毛 1 或 2 对。足有成对爪，爪间突垫状；足Ⅰ和Ⅳ胫节和足Ⅲ和Ⅳ跗节通常有虫毛。雄螨无可外翻的阴茎，但有复杂的附属结构。

#### ◆ 生物学习性

吸螨是捕食性螨类，捕食小型节肢动物及其卵，为蚜虫、跳虫和叶螨等害虫、害螨的天敌。吸螨常见于植物上，枯枝落叶、苔藓和贮藏物之中，捕食小型节肢动物及其卵，并可吐丝缚住猎物，为蚜虫、跳虫和螨类的天敌。有些种类，如石拟吸螨在澳大利亚被用于为害牧草的跳虫的生物防治。

#### ◆ 生活史特征

吸螨生活史有 3 个若螨期，发育速率比长须螨稍慢。扁吸螨从幼螨发育至成螨，在 25℃ 下，需 2 ～ 3 个星期。雄螨以精包传递精子。

## 肉食螨

肉食螨是真螨目肉食螨科一类螨虫的通称。

#### ◆ 地理分布

肉食螨的栖息地很广，全世界都有分布。广泛存在于粮库、食品加工厂及家禽饲养场，以捕食粉螨、书虱及微小害虫等为食，是仓储害虫生物防治的潜在天敌资源。

#### ◆ 形态特征

肉食螨全世界已知 180 余种。体菱形，常无色，有时呈淡黄色或橘红色，分颚体和躯体两部分。

◆ **生物学习性**

肉食螨以捕食其他螨类、昆虫卵或幼虫为生，对害螨，特别是对贮藏食品螨类有一定的防治作用，但对植绥螨以仓储害螨为食的规模化饲养造成不利的因素。

◆ **生活史特征**

肉食螨在适宜环境下，19～30天完成1代，有时营孤雌生殖。肉食螨雌螨的整个生活史可以分为卵、幼螨、原若螨、后若螨和成螨5个阶段；与雌螨相比，雄螨缺少后若螨态。肉食螨在进入原若螨、后若螨和成螨前都会经历静息期。初产下的卵呈椭圆形，大小为133微米×94微米，大约在发育中期形状发生变化，大小变为143微米×96微米，类似鸡蛋的形状，颜色为乳白色。幼螨有3对足，颜色为乳白色，经历1～2天的静息期后逐渐蜕皮变为原若螨。原若螨有4对足，与前一螨态相比身体颜色呈淡黄色。后若螨较原若螨躯体变长且颜色变深，仅雌螨经历后若螨态，蜕皮后变为成螨。雌螨经历3次静息期后发育至成螨，雄螨只需经历2次静息期。雄螨的须肢长于雌螨，躯体末端圆滑为雌螨，楔形为雄螨，在显微镜下可区分肉食螨的性别。在肉食螨的静息过程中，第一对足和第二对足会向前伸展，第三对和第四对（幼螨无第四对足）会向后伸展，整个静息过程始终保持此状态，无活动现象，静息过程中不捕食，躯体背部膨大有光泽。在蜕皮开始前，仍处在静息期的肉食螨整个身体会发生规律性"搏动"，时间间隔为10～20秒，蜕皮时背部从颚体与躯体连接处裂开，腹部从第二对足处裂开，向头部和尾部蜕皮，整个过程约 20 分钟。

# 赤 螨

赤螨是真螨目赤螨科的通称。多数赤螨属的种类在捕食植食性昆虫方面具有重要的意义。

◆ **地理分布**

赤螨在世界上普遍分布。

◆ **形态特征**

赤螨成螨和若螨体大，躯体长，一般 1000 ～ 2000 微米。体色多为深红。体表覆盖有密毛。螯肢长，针状，可缩入体内。须肢有拇爪复合体和强壮的胫节爪。前足体背面中部有 1 冠脊，其上有 2 对盅毛，其外侧有 1 或 2 对无柄的眼。足 6 节，有 1 对爪但无爪间突。腹面的生殖孔在末体前部，与肛门分离。

赤螨幼螨与成螨异形。前足体背面有三角形、四边形或近圆形的盾板；板上 2 对盅毛和 2 ～ 3 对普通毛；板外侧有 1 或 2 对眼，足Ⅰ和Ⅱ的基节远离，其间无拟毛门。末体腹面无肛门。

◆ **生物学习性**

赤螨成螨营自由生活，捕食性，常见于植物上、腐殖土中、地面以及海滩上，捕食小型节肢动物。

◆ **生活史特征**

赤螨常 1 年 1 代，有时可 1 年 2 代。雌雄螨每年秋季成熟。成螨在土壤或地表杂质中越冬，幼螨春夏寄生于昆虫和其他节肢动物上，1 ～ 2

周后离开寄主，到土内转化为静止不动的第一若螨。自由生活的第二若螨夏天出现于土表和植物上，捕食小型节肢动物体。第三若螨在土中静止不动。成螨秋季出现，捕食小型节肢动物体。

# 大赤螨

大赤螨是真螨目大赤螨科螨虫的一种。

大赤螨体柔软，体长 500 ～ 1500 微米，多为淡黄色至红色，前半体与后半体之间无界限。须肢胫节有爪，第五节长，螯肢动趾弯曲成钩状，成拇爪复合体。躯体背面前端附近有小丘状突起，其上有刚毛 1 对。跗节有 2 爪，为栉齿状，足长，步行迅速。常在植物上捕食，为害虫及害螨的天敌。通常可以在它们捕食的昆虫与螨类的寄主植物和土壤表面发现它们。

# 圆果大赤螨

圆果大赤螨是真螨目大赤螨科的一种。

### ◆ 地理分布

圆果大赤螨在中国有着较为广泛的分布，尤以南方地区常见，在福建、浙江、吉林、江西等地均有发现。

### ◆ 形态特征

圆果大赤螨体形较大，成虫体长 0.8 ～ 1.2 毫米，宽 0.5 ～ 0.7 毫米，呈红褐色，行动迅速，捕食能力强，是桑园害虫的有效天敌之一。雌螨红褐色，长 1.1 ～ 1.4 毫米，体宽略短于体长，后半体后部最宽。须肢胫节内侧有 3 个小棘。有宽的前足体背板，有刚毛 3 对（其中 1 对为感毛）。足长，有多数短刚毛和少数长刚毛，在植物上步行迅速，状如蜘蛛。

◆ **生物学习性**

圆果大赤螨是中国常见的天敌螨虫。这一类群行动敏捷，可以捕食植物上及其地表枯枝落叶层中的其他螨类小型节肢动物。圆果大赤螨以个体的形式活动，怕强光。中午时刻很少活动，常栖息于植株阴凉处，早晚活动较为频繁。该螨喜好捕食桑红蜘蛛的成虫、桑蓟马的成虫和若虫、桑粉虱的成虫和叶蝉的幼虫等小型昆虫。捕食量较大，平均1天可捕食30～50头害虫。该螨是许多害虫和害螨的重要天敌，在生物防治中有很好的应用前景。

但是该螨具有自相残食特性，该螨在田间种群的建立和人工饲养方面存在很大困难。

◆ **生活史特征**

圆果大赤螨一生的发育经卵、前幼螨、幼螨、第一若螨、第二若螨、第三若螨和成螨7个阶段，在幼螨和各若螨的后期都有一个静息期。成螨能营孤雌生殖，死后的遗腹卵也能孵化。该螨在中国广州地区年发生2～3代，盛发期分别在3～4月、10～11月和12月至次年1月。冬季继续发育，没有越冬现象，但在夏季平均气温超过28℃时发育停止。该螨除捕食蚜虫、介壳虫和叶螨外，还捕食柑橘木虱和柑橘锈螨等害虫和害螨。

◆ **人工饲养**

华南农业大学吴洪基曾经对圆果大赤螨进行培养，室内饲养分别在恒温箱子（温度：21±0.5℃，相对湿度：85%±5%，光照强度为3000

勒克斯,光照时间分别设有 13 小时和 24 小时全光照)和常温条件下进行。饲养工具为直径 13.5 厘米的透明通气塑料盒,饲料为柑橘木虱的卵和若虫。恒温饲养的是将采自野外的螨释放于盆栽九里香上,让其产卵,待卵孵化后,取幼螨单个饲养,而室内常温饲养的则将直接采自野外的成螨移入塑料盒作单个饲养。饲养过程中每天观察 1 次,记录其发育情况。

## 修长蠊螨

修长蠊螨是寄螨目裂胸螨科一类螨虫的通称。

修长蠊螨是一类生活在仓库贮藏物、土壤、植物根系附近,对昆虫、小型节肢动物、线虫等生物有捕食行为的捕食性螨类。修长蠊螨于 2006 年在中国首次被发现,在江西庐山树木根际腐殖质土壤中采集到此螨。2013 年,华南农业大学陈勇良等发现修长蠊螨可以控制植物寄生线虫的潜力。

## 剑毛帕厉螨

剑毛帕厉螨是寄螨目厉螨科下盾螨亚科一类螨虫的通称。

◆ **地理分布**

剑毛帕厉螨是一种生活于地表的捕食性螨类,在欧美国家已被商业化生产用于防治食用菌及温室害虫。

◆ **生物学习性**

剑毛帕厉螨的捕食行为包括搜索、捕捉、取食、清洁、静止和排泄。

搜索。捕食螨进入小室后,首先快速爬行以熟悉并适应周围的环境,大体都是沿小室的边缘爬行几圈后在小室底部来回穿梭。待熟悉环境后，其爬行速度减缓，不停晃动第一对足，用来感触周围，进行大范围地搜索；搜索中，发现猎物后用须肢小心触碰并定位猎物开始捕捉。

捕捉。定位猎物后，捕食螨迅速伸出螯肢，试探着捕捉猎物，可捕捉猎物的头胸部、中部或后部。

取食。捕食螨均利用螯肢和须肢协作以固定猎物，颚体插入猎物体内后，一伸一缩地吸取猎物的体液，猎物逐渐缩小，在被完全取食后只剩缩成一团的壳。

清洁。捕食螨在搜索中、捕食前后和静止前后均有清洁行为，清洁行为没有固定的次序，具体清洁行为包括：将第一对足纵向插入颚体中前后摩擦以清洁颚体；用第二对足横向梳理螯肢和须肢；用第二对足梳理第一对足；用第二对和第三对足清理腹部，并相互梳理。清洁行为可保持螨体洁净，有助于提高捕食效率。

静止。静止过程中捕食螨静止不动，偶尔晃动第一对足，以保持高度的警觉性。静止是大多捕食螨和昆虫均具有的行为。

排泄。捕食螨在搜索、清洁或静止过程中都有排泄的现象，在玻璃片上观察到捕食螨排泄时从肛门中排出白色的液体，历时 1 ～ 2 秒。

◆ 生活史特征

剑毛帕厉螨生长发育的最适温度为 24 ～ 28℃，最适相对湿度为100%；雌雄螨的发育起点温度分别为 11.59℃ 和 11.75℃，有效积温分别为 211.88℃·日和 137.08℃·日。据测算，在 25℃、相对湿度（RH）100% 条件下，剑毛帕厉螨 1 年可繁殖 23 代。

◆ **应用**

剑毛帕厉螨在自然界中主要生活在土壤表面和腐殖层，已被商业化生产用于防治食用菌中蕈蚊、室蕈蚊和腐食酪螨，也可用于防治温室蔬菜刺足根螨、蓟马的地下虫态、跳虫、双翅目害虫的幼虫等。

剑毛帕厉螨对湿度变化较为敏感，相对湿度一旦降低到 92%，就会出现群体死亡现象，该捕食螨一般生活在潮湿的土壤中，对低湿度环境的适应能力较差。故剑毛帕厉螨主要应用于环境相对湿度较大的温室和食用菌生产中。剑毛帕厉螨对 1 龄幼虫和卵取食多，控制作用较强；对 2 龄幼虫的取食较少，控制作用较弱；不取食蛹，无控制作用。因此，可以将其利用到田间生产，并根据当地韭蛆发生规律，在韭蛆卵和 1 龄幼虫发生高峰期进行防治。

## 有益真绥螨

有益真绥螨是寄螨目植绥螨科真绥螨属一类螨虫的通称。

◆ **地理分布**

有益真绥螨其栖息范围极广，在杂草、灌木和乔木上均有分布。

◆ **生物学习性**

有益真绥螨是中国北方地区主要的植绥螨优势种，对截形叶螨和西花蓟马有很好的捕食能力。有益真绥螨可以捕食叶螨和蓟马，对截形叶螨各螨态和西花蓟马 1 龄若虫的捕食功能反应均属于霍林（Holling）Ⅱ反应。当猎物密度固定时，有益真绥螨的捕食量随其自身密度的增大而逐渐降低。有益真绥螨对截形叶螨各螨态和西花蓟马 1 龄若虫的控制能力依次为：截形叶螨幼螨（2.943）＞西花蓟马 1 龄若虫（1.114）＞截形叶螨若螨（1.050）＞截形叶螨成螨（0.277）。

◆ 应用

有益真绥螨对截形叶螨的卵和若螨同样喜好且略偏好于若螨，选择系数（Q）分别为 1.06 和 1.23；不喜食成螨，Q 为 0.704。这可能是卵个体小，不动且易捕食。若螨体壁薄，行动迟缓，易受到攻击，故对若螨和卵都有较强的嗜食性。但卵壳较硬，增大了取食的难度，故更偏好于若螨。截形叶螨成螨体壁较厚，且成螨活动能力大，反抗能力强，增大了捕食难度。在进行生物防治释放捕食螨时，可以考虑在害螨产卵之前或刚开始产卵时释放天敌，可达到很好的控螨效果。

## 栗真绥螨

栗真绥螨是寄螨目植绥螨科真绥螨属一类螨虫的通称。中国农业科学院植物保护研究所首次发现栗真绥螨对西方花蓟马初孵幼虫有较强的捕食能力，可应用在生物防治上。

◆ 地理分布

栗真绥螨于 1987 年首次在中国河北及北京的板栗树上被发现，之后并没有相关的研究报告。2007 年，中国农业科学院植物保护研究所对北京市郊多区、县进行了广泛的调查，在多种植物如野苋菜、桑树、构树等上发现，是中国北方地区的一个广布种。

◆ 生物学习性

栗真绥螨杂食性，可取食多种吸汁性害虫，还能取食植物花粉和汁液等，是典型的多食性植绥螨。

## ◆ 生活史特征

栗真绥螨成螨营两性生殖。一生共经历卵、幼虫、第一若螨、第二若螨和成螨 5 个阶段。卵呈椭圆形，初产时为无色半透明，不久之后略显淡黄。幼螨为 3 对足，Z5 毛较长，为 S4 毛的 3 倍左右，体色淡白，身体柔软，可以取食叶螨的卵，不取食也可以发育成第一若螨；第一若螨体形稍大，蜕皮初期，体色淡白，Z5 毛消失，长成 4 对足，行动敏捷；第二若螨体形较第一若螨大，体色淡白；成螨初期，体形大而扁平，身体固化程度明显，身体白色透明，雌成螨体形明显大于雄成螨。在幼螨、第一若螨、第二若螨到成螨之间均需要蜕皮。蜕皮时，栗真绥螨先从前半体往后蜕，前后一般需要 15 ～ 30 分钟，有的长达数小时。第二若螨刚蜕皮成为成螨时便可交配，交配时间从 20 分钟到数小时不等，当雌螨经过雄螨边或当雄螨触到雌螨后，雄螨便迅速爬向雌螨背部，后逐渐移至雌螨腹部，交配开始时，二者一般不活动，但若是受到其他虫体的惊扰或受到外界刺激后，雌螨便可以带着雄螨一起爬行。雌成螨一生可多次交配，并喜欢将卵产于棉花絮的纤维丝上。

## 芬兰真绥螨

芬兰真绥螨是寄螨目植绥螨科真绥螨属一类螨虫的通称。

## ◆ 地理分布范围

芬兰真绥螨在俄罗斯、新西兰、芬兰、德国、黎巴嫩、意大利、加拿大、匈牙利、智利、英国、法国、瑞士等国都有分布记录，在中国主要分布于河北、陕西、山东、江苏等地。

◆ **生物学习性**

芬兰真绥螨栖息于苹果、桃、核桃、山楂、桑、栎、椿、海棠、杏、桦、木槿、榆、栾树、山荆子、二球悬铃木等十几种树木，食性较广，可捕食苹果全爪螨、山楂叶螨、截形叶螨、李始叶螨、二斑叶螨、针叶小爪螨，是具有控制害螨潜力较大的捕食螨之一。

芬兰真绥螨对截形叶螨的卵和若螨均表现为嗜食，对雌成螨表现为非嗜食。芬兰真绥螨对截形叶螨各螨态均有不同程度的捕食能力，功能反应类型均为霍林（Holling）Ⅱ型，芬兰真绥螨捕食能力随温度的变化而改变，在 16～28℃ 温度范围内，其对截形叶螨各螨态的攻击系数、捕食能力、最大日捕食量均随温度的升高而增大，处理时间随之缩短，温度高于 28℃ 时捕食量开始逐渐减小。截形叶螨密度固定时，芬兰真绥螨的平均捕食量随其自身密度的增加而逐渐降低。

◆ **生活史特征**

芬兰真绥螨一生有卵、幼螨、前若螨、后若螨和成螨 5 个生育阶段。在温度为 25±0.5℃、相对湿度为 80.5% 和苹果全爪螨幼若螨为食料时，其卵期 45.4 小时，幼螨期 34.7 小时，前若螨期 29.6 小时，后若螨期 27.64 小时，实验种群雌成螨的平均寿命 32.67 天，雌雄性比 68:32，单雌产卵量 47.7 粒，对山楂叶螨、苹果全爪螨卵的最大理论捕食量分别是 71.11 粒和 57.14 粒，对其幼若螨的最大理论捕食量分别为 3.96 头和 30.67 头；以山楂叶螨幼若螨、苹果全爪螨幼若螨和卵为食料时，芬兰真绥螨实验种群的内禀增长力分别是 0.1299、0.1793 和 0.0958。

◆ **应用**

利用芬兰真绥螨防控截形叶螨不仅能够有效提高对截形叶螨的防治效果，控制截形叶螨对作物的危害，还可减少化学农药使用量，减少化学农药污染及害螨抗药性，并能促进植物—害螨—天敌间相互作用环境的优化，保护作物微生态平衡，具有较好的经济和生态效益。在使用天敌进行生物防治过程中，应注意对天敌的保护，避免化学药剂对天敌种群数量的影响，同时有效利用农业栽培措施，创造有利的生防环境，以取得最优防治效果。

芬兰真绥螨各螨态对针叶小爪螨卵的取食量少，并且无一定规律，雌成螨对猎物各螨态的控制能力最强。利用搜寻率（a）与（Th）的比来评价捕食者对猎物的控制能力，比值越大，捕食者对猎物的控制力越强。芬兰真绥螨雌成螨对针叶小爪螨幼螨、若螨、成螨的控制能力依次为若螨（11.38）＞幼螨（10.46）＞成螨（4.33）。因此，在针叶小爪螨若螨盛发期释放芬兰真绥螨进行生物防治效果最好。

## 拟长毛钝绥螨

拟长毛钝绥螨是寄螨目植绥螨科钝绥螨属一类螨虫的通称。

◆ **地理分布范围**

拟长毛钝绥螨是多种农业害螨的重要捕食性天敌，广泛分布于中国华东、华南、华北和西南等地区，包括湖北、辽宁、河北、山东、上海、江苏、浙江、湖南、福建、贵州、云南等，是很有利用价值的害螨天敌。

◆ 生物学习性

拟长毛钝绥螨是对叶螨捕食很有效的一个中国本土种。该螨在中国分布广，并且具有增殖快，捕食量大，适应能力强等特点，对二斑叶螨、朱砂叶螨等多种叶螨有很强的捕食能力，被认为是中国本地很有商品化发展前景的品种，是重要的生物防治资源。

拟长毛钝绥螨可以捕食多种叶螨，对叶螨的捕食量与发育阶段有关。一生总计捕食朱砂叶螨卵 372.79 粒。其中，若螨期为 8.70 粒，仅占捕食总量的 2.33%，日均捕食量为 2.75 粒。雌成螨在第一次交配之后，捕食量迅速上升为最大值，并连续保持 10 天，产卵前期和产卵期的捕食量为 321.46 粒，占 86.23%；产卵后期，日均产卵量迅速下降，基本维持在 1.34 粒，其捕食量仅占总量的 11.44%。显然，雌螨的产卵前期和产卵期是其一生中最为重要的捕食阶段，其通过取食所获取的绝大部分物质和能量用于繁衍后代。

◆ 生活史特征

拟长毛钝绥螨在 18℃、22℃、26℃、30℃、34℃ 这 5 种恒温条件下，卵和若螨的发育历期随温度的上升而加快，依次为 12.58 天、8.79 天、5.72 天、3.66 天和 3.54 天。成螨的产卵前期，产卵期和寿命亦随温度的升高而缩短。成螨一生中有多次交配习性，产卵量随交配次数而增加，交尾 3 次的产卵 68.24 粒。在 26℃ 下，该螨一生能捕食 372.79 粒叶螨卵，其中成螨期捕食量占总捕食量的 98%，以产卵期捕食量最高。雌成螨发育和繁殖的最适温度为 30℃，卵在 90% 高湿下孵化率达 100%。温度为 30℃、34℃ 时，卵完全致死的湿度范围为 70% 以下，而在 18 ～ 26℃ 则为 60% 以下。致死低湿对卵的临界作用期位于幼螨即将破壳而出的发育阶段。

◆ **应用**

拟长毛钝绥螨用于叶螨防治，具有较为有利的生物学性状：①生长发育速率快。②繁殖力强。③捕食量大，但对湿度要求较高。因此，这种捕食螨有望用于蔬菜、瓜果类、园林、花卉或温室内叶螨的防治。

拟长毛钝绥螨雌成螨对朱砂叶螨各螨态的控制能力强于若螨。拟长毛钝绥螨对朱砂叶螨各螨态嗜食性不同，对朱砂叶螨的卵和幼若螨是嗜食的，而对成螨是非嗜食的。

## 津川钝绥螨

津川钝绥螨是寄螨目植绥螨科钝绥螨属一类螨虫的通称。

津川钝绥螨是一种捕食性天敌。该螨最先于 1955 年在日本的苹果树上采集到，并于 1959 年定名新种。分布于日本各地很多种类的植物上。中国已知分布于黑龙江、吉林、辽宁、山东、上海、江苏、江西、湖南、福建、广东、广西、云南、贵州等地。

津川钝绥螨捕食苹果全爪螨、二斑叶螨、叶螨，对粉虱也有很好的防控作用，与商品化的斯氏钝绥螨捕食粉虱的量相当。苹果园下的杂草（车前草）的花粉利于该螨的繁衍和种群保持。

## 江原钝绥螨

江原钝绥螨是寄螨目植绥螨科钝绥螨属一类螨虫的通称。

◆ 地理分布

江原钝绥螨在中国分布于山东、安徽、江苏、湖北、湖南、浙江、上海、福建、江西、广东、广西等柑橘产区。

◆ 生物学习性

在柑橘园内，江原钝绥螨喜躲在柑橘树叶背面、叶脉边、粉虱或介壳虫堆中，书虱丝网及潜叶蛾为害的卷叶中也常见到。江原钝绥螨适宜生长在叶层浓厚、空气比较湿润的环境中，但过分潮湿常易病死。阴雨天持续时，橘园中可见死螨。在室内饱和湿度时，雌螨停止产卵。江原钝绥螨食料来源广，除取食多种叶螨外，还可取食多种植物花粉，便于人工饲养繁殖，尤以蓖麻、丝瓜花粉为最佳；其次为油菜花粉；玉米花粉较大、较粗糙，效果也较差。蓖麻花粉可利用时间长达5个月。

江原钝绥螨是中国柑橘园中的捕食螨优势种，主要以柑橘全爪螨为猎物，此外还能取食柑橘粉虱的卵或低龄若虫以及柑橘介壳虫的卵，还捕食烟粉虱的卵和若虫。在生物防治方面，已开展了以不同花粉为替代食物及不同湿度下的江原钝绥螨繁殖潜能的研究。

江原钝绥螨成螨对柑橘全爪螨各螨态嗜食性。对柑橘全爪螨混合螨态的嗜食性：当柑橘全爪螨4个螨态同时存在的情况下，江原钝绥螨成螨喜欢捕食活动螨态，尤以幼、若螨为主，不捕食卵。在没有猎物的活动螨态存在的情况下，江原钝绥螨成螨仍然可以取食柑橘全爪螨的卵。其嗜食程度依次为若螨＞幼螨＞成螨＞卵。

◆ 生活史特征

江原钝绥螨的一生经过卵、幼螨、前若螨、后若螨和成螨5个期。

在 19.5 ～ 27.5℃，相对湿度 85% ～ 90%，以柑橘全爪螨为食，后若螨蜕皮变为成螨后，约经半天即可交配。雄雌螨均能多次交配，无孤雌生殖现象。产卵前期 1 ～ 3 天。雌螨产卵期持续 10 ～ 22 天，一生产卵 16 ～ 39 粒。雌螨寿命 17 ～ 31 天，雄螨寿命 12 ～ 17 天。

◆ **应用**

江原钝绥螨用于防治柑橘全爪螨、柑橘粉虱、烟粉虱等。

江原钝绥螨在柑橘产区分布普遍，发育历期短，繁殖力高，捕食量大，是柑橘全爪螨的有效天敌。但它要求的湿度较大，且不耐高温，30℃以上即对其不利。大部分柑橘产区，夏季温度高、湿度低，不利于自然种群的建立。因此，必须提倡在橘园种植覆盖植物，改善温、湿条件，才能发挥捕食螨的作用。

由于橘园长期喷药以及天敌的跟随现象，橘园内捕食螨的数量很少，在自然条件下远不足以控制叶螨的为害。为此，必须进行室内大量饲养繁殖，散放到橘园中，以增强天敌的控制作用。

江原钝绥螨成螨嗜食柑橘全爪螨的幼、若螨，故释放的时期应以柑橘全爪螨卵的孵化高峰期为宜。

# 第4章

# 宠物动物

## 家　猫

家猫是食肉目猫科猫属野猫种家猫亚种小型哺乳动物。

### ◆ 驯化

家猫是人类饲养数量占第二位的宠物，常用来控制鼠患。家猫是由古代非洲野猫驯化而来的。对古代猫遗骸的 DNA 分析表明，现代家猫可以追溯到两个起源地：①安纳托利亚（Anatolia）。这里的猫早在公元前 4400 年就散布到了欧洲。②驯化的家系。最早起源于埃及，随后穿过地中海，约在 2500 年前从埃及运到希腊。此后，家猫随着满载谷物的货船从埃及亚历山大城到达罗马帝国的各个城市，并逐步向四周扩散。到了 2000 年前，家猫随着罗马人的四处进攻，渐渐遍布欧洲。与此同时，家猫沿着希腊、罗马和亚洲东部国家之间的贸易路线来到中国及东南亚地区，穿越海陆抵达印度。仅几百年的时间，家猫就已遍布世界。主要生活在人类居住的地区。家猫的近全球性分布可以归因于被人类驯化。同时，也存在一个很大的全球野化种群。大多数野化种群生活在人类当前或过去的居住区附近。

◆ 选育

人类最初选择和驯化猫是看重了其捉老鼠的能力，13 世纪后的家猫频繁出现控制虎斑斑纹形成的基因突变，说明人们开始对家猫的外貌产生了兴趣，主动对家猫进行人工选择。在选育过程中，原本是短毛，带有咖啡色条纹的非洲野猫，先后产生了 7 种主要基因突变：纯色（如黑色、红色）、淡化色（如蓝色）、古典斑纹（蝴蝶纹）、长毛、显性白色、白斑，以及只有雌性才拥有的橙色基因；其他的基因突变还包括重点色、白手套、卷毛、硬毛、无尾、折耳、卷耳、烟色等，结果培育出许多各具特色、观赏性极佳的纯种猫。世界主要登记机构认可的纯种猫约 70 种。

◆ 形态特征

家猫的雌雄性个体彼此相似。仅雄性头部粗圆，个体大些。体形小，身长 30 ～ 50 厘米。被毛密而柔软，有光泽。体色由蓝灰色到棕黄色。体躯肌肉发达、结实强健。锁骨小，发育不全，不与肩带、胸骨相连接。头圆而较大，吻部短，眼睛圆。颈部粗短，四肢较短、粗壮而沉重。尾长，末端钝圆。趾行性，足下有数个球形肉垫，均等地承负着体重，前

家猫被毛（密且有光泽）　　　　家猫体色

足 5 趾，后足 4 趾，前足第一趾短而高，绝不触及地面。趾端具爪，爪粗大，强而弯、极锐利。爪具伸缩性，行走时可提起而不触及地表。家猫的瞳孔能因光的强弱而收缩或扩大，正午收缩如线，夜间扩大而圆。由于猫眼具有透明视网膜色素层，在夜间当光线射入可见到特殊反射现象。耳壳能灵活转动，口边和眉上的硬毛有触觉作用，舌面被有角质层的丝状钩形乳突。家猫的门齿不发达，犬齿特别发达，尖锐如锥，臼齿的咀嚼面有尖锐的突起。

### ◆ 生活史特征

家猫是季节性 1 年多次繁殖动物，性成熟公猫 5～7 月龄，母猫 5～10 月龄。通常从春季到深秋，母猫每隔两周发情 1 次，每次持续 4～6 天，妊娠期 64～67 天，1 次生产 3～5 只。体力好的猫 1 年能繁殖 2～3 次。

## 波斯猫

波斯猫是玩赏、陪伴和展览用长毛猫种。又称长毛猫。

### ◆ 地理分布

波斯猫原在英国培育，分布于世界各地，是饲养数量较多的猫种之一。在中国主要分布在城市家庭中，数量较多，但纯种很少。

### ◆ 选育

1620 年，波斯猫被从伊朗（旧称波斯）的霍拉桑（Khorasan）引入意大利，这是有关波斯猫的最早记载。约在同一时间，佩雷斯克从土耳其安哥拉将其引种到法国。从霍拉桑引种的猫被毛为灰色，而来自安哥拉的猫是白色的。直到 19 世纪，英国猫爱好者开始有目的地对长毛猫进行选育。1871 年英国举办首次猫展时，波斯猫类型的长毛猫受到猫爱好者的欢迎。1889 年，英国猫展创办者发布了首个波斯猫的品种标准。19 世纪末，波斯猫输入美国，随后很快在美国广泛流行，并培育出许多新品种。

◆ **形态特征**

波斯猫躯干健壮滚圆，呈矮脚马形。头部圆而宽，脸颊丰满，耳朵尖而小、呈圆弧形，鼻子短，眼睛大而圆，四肢粗短，脚爪大而圆，尾短而尾毛蓬松。眼色多数为黄色，也有蓝色、绿色、紫铜色、金色、琥珀色、怪色，还有两只眼睛颜色不同（即鸳鸯眼）的品种，主要因毛色而定。另一个共同特点是被毛特别丰满并有光泽。被毛为双层毛，由长而柔软蓬松的底毛和稍长而粗糙的长毛（最长可达 12 厘米）组成。

波斯猫

具有多种颜色和被毛式样，包括白色、黑色、乳黄色、红色、蓝色、蓝色－乳黄色、金吉拉、凯米尔波色、暗灰色、双色、虎斑纹、玳瑁色、重点色、青灰色以及白色花斑色等。有的毛色有变种。体重 3.5 ～ 5 千克，体长 40 ～ 50 厘米，尾长 25 ～ 30 厘米，肩高约 30 厘米。

◆ **生活史特征**

性成熟公猫 10 ～ 14 月龄，母猫 7 ～ 12 月龄。季节性发情动物，通常在每年的 9 月开始发情，发情周期 14 天，发情持续期 2 ～ 4 天；

一般 1 年繁殖 1 窝。母猫为刺激性排卵动物，妊娠期 63 天左右，平均窝产仔数为 3 ～ 5 只。

◆ **价值**

波斯猫有"猫中王子""猫中王妃"之称，具有很高的观赏价值。波斯猫集宠物的优秀性情于一身，恬静可爱、举止高雅，恋家性强、易于沟通，适合作为伴侣动物进行饲养。

# 狸花猫

狸花猫是工作、玩赏和陪伴用短毛猫。

◆ **地理分布**

中国各地均有分布，以河北、河南、陕西等地较多。

◆ **选育**

从战国时期到汉代，文献中大量出现有关"狸"的记载。在中国猫养殖早期，猫的被毛主要是狸色。中国狸花猫就是以这些狸色猫为基础，经过千百年的自然选择和人工选育而形成的。

◆ **形态特征**

成年狸花猫的头部整体感觉像被修整过的切宝石形（六角形）。脸长大于脸宽；耳间有稍突起半圆形头盖骨；与眼睛同一水平线的位置面部较宽，自内眼角起面部轮廓突然收缩，伸出鼻；鼻梁端正隆起而直，大小适中。鼻头有砖红色、深棕和黑色；眼睛杏核形，外眼梢略微上吊，眼色以黄、绿、棕为主，其中绿色为上品。无论公猫与母猫，毛短且粗，无厚密的底绒毛；背毛差别大，公猫粗且硬，母猫相对柔软；从背部至腹部被毛呈鱼骨刺斑纹，斑纹以黑色与灰黑色或黑色与棕黄色条纹相间；颈、尾、四肢部位条纹呈环状，腹下、额下呈浅灰色或灰黄色，额头有纵向斑纹，脸颊有横向条纹；脚垫和掌毛为黑色。体躯端正，结实匀称，肌肉发达，具备运动感；四肢长短适中，粗壮有力而敏捷；尾长略短于身长，且相对粗壮，无扭曲现象；双眼大而有神微向上吊；额头、下颌棱角分明；咬合严密；聪明，好动；鼻部长直，没有明显弯曲，线条流畅，且鼻镜颜色和身体的花纹颜色成正比，即鼻头部分的颜色越深，身上条纹越分明。后爪与前爪平行或略高于前爪。体长比身高长。从正面看身体宽大结实；侧面看整个背部基本平坦或肩部稍有不明显突出；从后面看，两腿间距小，腿部相靠紧密，腿部直而壮；两耳距离约为眼大小的 2.5 倍，鼻宽相当于一个眼睛大小，两耳之间有突起，外眼角比内眼角稍高。眼神明亮、清晰和警觉。

**狸花猫**

耳大小适中略偏小，较廓较薄，基本向正前方打开。胸宽，胸前毛无旋转，平坦，短且贴身。背部平坦无突起及凹陷。耳根打开较宽。成年体重公猫大于 5 千克，母猫大于 4 千克。

◆ **生活史特征**

狸花猫 6 ～ 10 月龄性成熟，3 岁体成熟。公猫 12 月龄、母猫 10 ～ 12 月龄可用于繁殖，8 岁以上不适宜繁殖。季节性多次发情，在自然状态下，华北地区多于 1 ～ 3 月及 9 ～ 11 月发情，炎热夏季发情较少，发情周期 2 ～ 3 周，发情持续期 3 ～ 7 天，发情时发出嗷嗷叫声。为诱导排卵动物，母猫在受配或类似的刺激后 24 小时排卵，妊娠期 57 ～ 63 天，哺乳期 50 ～ 60 天。母猫在离乳后 4 ～ 6 周再次发情，1 年可产 2 ～ 3 胎，每胎产仔 3 ～ 5 只。当母猫的母性不强、饲养管理不当或环境温度超过 30℃ 时，仔猫成活率较低。

# 兔

兔是兔形目兔科动物的统称，为小型草食性动物，通常指家兔。

## ◆ 地理分布

兔科共 9 属 53 种，分布于欧洲、亚洲、非洲、南美洲和北美洲。陆栖，常见于荒漠、荒漠化草原、热带疏林、干草原和森林。仅兔属是兔类（野兔），终生在地面生活，善奔跑，后鼻孔宽，奔跑时充分供氧；初生幼兔体表覆有被毛，睁眼，耳有听觉，不久便会跑。其余 8 个属是穴兔类，后腿不太长，穴居；穴兔类幼兔出生时身体裸露，闭眼，耳无听觉，7 天后才长出被毛，10 天左右睁眼，具有听觉。兔类（野兔）和穴兔（家兔）属于不同的属，它们之间存在生殖隔离。现在饲养的家兔属穴兔类。

白兔

兔群体

据统计，全世界的纯种兔品种大约有45种，均由地中海地区的穴兔驯化而成。中国共有9种野兔，全属兔类。其中，除华南地区和青藏高原地区外，草兔广泛分布于中国各地；雪兔冬毛变白，分布于新疆、内蒙古和东北地区；高原兔分布于青藏高原；华南兔分布于华南及台湾地区；东北兔在小兴安岭及长白山地区有分布；东北黑兔为中国发现的新种，分布于东北地区；塔里木兔、西南兔和海南兔分别分布于新疆和内蒙古、西南地区、华南地区。距今约3000年的《诗经·小雅·巧言》中的"跃跃毚兔，遇犬获之"，是中国最早关于野兔的记载。

◆ **形态特征**

兔具有管状长耳（耳长大于耳宽数倍），簇状短尾，强健后腿比前肢长得多。家兔约在2000年前由欧洲野生穴兔驯化而成，西班牙和法国是欧洲早期驯养家兔的国家。按生产用途，家兔可分为肉用兔、皮用兔、皮肉兼用兔、毛用兔、观赏兔、试验用兔。

◆ **生物学习性**

家兔具穴居性。嗅觉灵敏、胆小。昼伏夜行。喜啃食硬物。群居性差。耐寒性强、耐热性差、抗逆性差。消化道脆弱。

◆ **生活史特征**

在正常生长发育情况下，母兔性成熟一般为3～4月龄，公兔稍晚于母兔；母兔的初配年龄一般为5～6月龄，公兔为6～7月龄；母兔发情周期一般为8～15天，发情持续期3～4天，须经交配刺激后才能排卵。自然交配情况下，每头公兔可配8～10只母兔，母兔的妊娠期一般为30～31天。饲养管理好的母兔可年产7～8胎，其中肉用兔平均每胎产仔 6 ～ 10 只，毛用兔为 5 ～ 6 只。母兔哺乳期一般为 30 ～ 40 天，幼兔生长迅速，出生 1 周后体重增加 1 倍。生产上母兔繁殖年限 2 ～ 3 年，公兔 3 ～ 4 年。

### ◆ 管理措施

兔饲料中应含一定量的青粗饲料，晚间的精料喂量占总量的一半左右。日常管理应注意笼舍、用具、垫草的清洁和干燥，保持环境安静和干燥，严防犬、猫、鼠等骚扰，注意防暑降温，经常通风换气等。

# 犬

犬是食肉目犬科犬属灰狼种家犬亚种动物。又称狗。

### ◆ 地理分布

犬是人类饲养数量最多的宠物，是中国"六畜"（猪、马、牛、羊、鸡、犬）之一。在 4 万～ 1.5 万年前由东亚灰狼驯化而来，是人类最早驯养的动物。犬分布于世界各地，被称为"人类最忠实的朋友"。据联合国统计，全球约有犬 6 亿只，中国约有 2 亿只。

犬

## ◆ 分类

犬在全世界有 400 多个品种。

按畜禽品种遗传资源，犬可分为：①地方品种。较多，不完全估计为 15 个。②培育品种。在中国已通过国家品种审定的只有昆明犬。③引进品种。④杂交品种（土犬）。血统较复杂，中、外品种都有，遗传不稳定，在中国分布区域广、数量多，90% 在农村。

按使用性质，犬可分为工作犬、猎犬、玩赏犬、肉用犬和实验犬等。

按国际养犬联合会（FCI）分类，有牧业用犬，护卫、侦查、作业犬，腊肠犬，猎犬（猎取大型兽类），猎犬（猎取小型兽类），枪猎犬（非英国品种），枪猎犬（英国品种），细犬和玩赏犬等。

按自然分类，犬可分为捕鸟猎犬、嗅犬、视犬、牧羊犬、警犬、更犬、斗犬、雪橇犬和玩赏犬等。

按体格大小，犬可分为：①小型犬。体高在 35 厘米以下的犬种。②中型犬。体高在 35.1 ～ 54.9 厘米的犬种。③大型犬。体高在 55 厘米以上的犬种。中国古代按用途，又分为食犬、守犬和猎犬。

## ◆ 驯化

犬的野生祖先是广泛分布于欧亚及美洲大陆的狼，在其他地方也可能保有胡狼的血统。最初，体形较小的变种狼常在人类住处附近觅得弃骨等食物而留恋不去；也有人将抱回的狼崽养大，性野的离去，温驯的留下。人类发现留下的狼能报警和协助狩猎，便加以豢养和选择，变成能吠叫的家犬。

中国早在 6000 年前的半坡文化和河姆渡文化时期，就已有养家犬的记载。犬的用途和类型随着社会生产力的发展而改变。当人靠狩猎获取衣食来源时，便使用善于发现和追捕猎物的狩猎犬，俗称细犬。火药枪问世以后，便培育出嗅觉发达能辨出猎物藏身处的嗅猎犬，又称枪猎犬。放牧用的牧羊犬，体大、毛长、凶悍的用于保护畜群，聪明善解人意的中型犬用于管理羊群。定居农业需要体大、凶猛的獒看家护院。使用活泼机灵的犬消灭害兽，保护庄稼。在工业化和城市化社会，人们将犬从庭院转入室内，原为宫廷或贵族专宠的小型玩赏犬进入普通人的家庭。随着社会的发展，狩猎也变成体育运动，将细犬用在博彩业的跑犬场上，而品种繁多的其他犬种则转变成伴侣犬。

◆ **生物学习性**

犬同狼一样有 39 对染色体。与狼相比，犬的吻部较短，牙齿较细，头较小。属社会动物，群内有尊卑序列。鼻尖湿润，有凉感。幼犬体温为 38.5 ～ 39.0℃，成年犬 37.5 ～ 38.5℃，早晨高，晚上低，日差 0.2 ～ 0.5℃。心率 70 ～ 120 次 / 分，呼吸频率 10 ～ 30 次 / 分。

**语言**

犬能用叫声（声音语言）、动作表情（身体语言）及气味等传达信息和感情，犬个体之间及与人类或其他动物能通过姿态、动作、叫声、气味等互相传递信息，在其栖息处周围和沿途常以撒尿作为领地和归途标志。

**嗅觉**

犬的嗅觉灵敏度位居各畜之首，常依赖嗅觉去认识环境事物。犬灵敏的嗅觉主要表现在对气味的敏感程度和辨别气味的能力两个方面。

敏感度会因味道的种类而有所差别，约为人类嗅觉的 1200 倍。犬大约能辨别 200 万种不同的气味，且具有高度分析的能力，能够从许多混杂的气味中，嗅出它所寻找的那种气味。犬对气味的感知能力可达分子水平。

### 听力

犬可分辨极细小或者高频率的声音（超声波）。对声源的判断能力很强。当犬听到声音时，由于耳与眼的交感作用，完全可以做到"眼观六路，耳听八方"。即使睡觉也保持着高度的警觉性，对 1 千米以内的声音都能分辨清楚。

### 视力

犬视力中等。但对移动的物体具有特别的侦视能力，较易在光线暗淡处看见物体。

### 齿

成犬（恒齿）齿式为门齿、犬齿、前臼齿、臼齿，共计 42 枚。幼犬齿式为门齿、犬齿、前臼齿，共计 28 枚，缺 1 枚前臼齿和 13 枚臼齿。

### 汗腺

犬的汗腺很不发达，不能像人一样，通过出汗来调节体温。用于调节体温的外分泌汗腺只分布在 4 只爪子的肉垫上，且非常少，故犬通过张嘴伸舌，大口喘气，分泌大量的唾液蒸发来代替出汗散热，降低体温。

### 肠胃

犬的消化道比食草动物要短，犬胃盐酸含量在家畜中居于首位，加之肠壁厚、吸收能力强，所以容易消化肉类食品。

**睡眠**

幼犬和老犬睡眠时间较长，年轻力壮的犬睡眠较少。犬一般都是处于浅睡状态，浅睡时呈伏卧的姿势，头俯于两前爪之间，经常有一只耳朵贴近地面。犬沉睡后不易被惊醒，有时发出梦呓，如轻吠、呻吟，并伴有四肢的抽动和头、耳轻摇。熟睡时常侧卧，全身展开。犬平常睡觉时不易被熟人和主人所惊醒，但对陌生的声音很敏感。

## ◆ 行为习惯

犬具有以下行为习惯：①等级制度。在群居时，也有等级制度。建立这样的秩序可以保持整个群体的稳定，减少因为食物、生存空间和对异性的争夺而引起的恶斗和战争。②睡前转圈。犬卧下前，总在周围转圈，确定无危险后，才会安心睡觉。③喜欢被抚摸。④对陌生人的态度。犬对陌生人的行为准则是根据自己视线的高度来判断对手的强弱。陌生人一旦靠近，从上面下来的压迫感会使它不安；若采用低姿势，它较容易接受。⑤摇尾。一般在兴奋或高兴时，会摇头摆尾。一般尾巴翘起，表示喜悦；尾巴下垂，意味危险；尾巴不动，表示不安；尾巴夹起，说明害怕；迅速水平地摇动尾巴，象征着友好。⑥避开群体。犬生病时，会本能地避开人类或者其他犬，躲在阴暗处康复或死亡，这是一种"返祖现象"。⑦撒尿标记。狼用尿液标记领地、吸引异性或做路标，从狼演化而来的犬遗传了祖先的这种习性。⑧领地意识。犬具有领地习性，自己占有一定范围，并加以保护，不让其他动物侵入。一般利用肛门腺分泌物使粪便具有特殊气味，趾间汗腺分泌汗液，以及用后肢在地上抓挠，作为领地记号。⑨追猎。犬喜欢追捕动物。

### ◆ 生活史特征

母犬 7 ~ 10 月龄达性成熟，公犬 10 ~ 16 月龄达性成熟。公犬长年能交配，母犬 1 年发情 2 次，多为春、秋季发情。妊娠期 59 ~ 64 天。母犬分娩时自噬胎衣和脐带，并舔干幼仔。大型犬种 1 胎产 8 ~ 12 仔，中型种产 5 ~ 7 仔，小型种产 2 ~ 3 仔。仔犬初生时聋且盲，12 天睁眼，20 天才有听觉，此前的排泄需母犬舔舐刺激，粪尿被母犬食除。幼犬 45 日龄左右可断奶。仔犬宜在 2 月龄换主。犬 1 岁之前生长较快，以后较缓。小型种在 1 岁、大型种在 2 岁达体成熟，8 岁进入老年，寿命可达 15 年左右。共 5 种血型，即 A、B、C、D、E 型，只有 A 型血（具有 A 抗原）能引起输血反应，其他 4 型血可任意供各型血的犬受血，无输血反应（溶血问题）。

### ◆ 营养与饲养

犬原属食肉动物，进化后改杂食，喜食动物蛋白，营养需求大体与人相似，但消化纤维的能力很弱，食盐需求少（排盐能力弱），食物清淡为好，啃食消化骨头的能力强。宜以动物性饲料为主。采用科学方法配制的营养完善的商品犬粮，成犬日喂 1 次，幼犬 2 ~ 3 次。

### ◆ 调教与训练

对犬进行调教和训练，可使犬养成良好行为习惯，便于饲养管理，为主人工作。根据条件反射原理进行，遵照因犬制宜、循序渐进、巩固提高的原则。

# 藏 獒

藏獒是用于狩猎、治安防范、看护羊群的大型犬。又称藏狗、藏狮、羌狗、番狗、松番狗。藏语称"Duji"。

## ◆ 地理分布

藏獒主要分布在中国藏族聚集区。中国其他大中城市及欧美等经济发达地区也有少数分布。藏獒是既古老又特殊的犬种,其进化演变历史尚不清楚。

## ◆ 形态特征

按体形外貌,藏獒可分为狮头形和虎头形。狮头形被毛长,丰厚,颈部饰毛发达,颇似雄狮;虎头形被毛短,颈部饰毛也短,头突出,颇似虎头,骨量大。

藏獒头额宽,头骨宽大,鼻和唇呈黑色,鼻孔圆形。鼻上部至头后部大而宽;鼻呈圆筒、宽大、方形。眼球为黑、黄褐色。耳呈三角形,自然下垂,较大,长宽比例接近,紧贴于面部。脸呈楔形,上嘴唇下垂,下嘴有微小皱褶,短而粗,分为平嘴、小吊嘴和包嘴。胸发育良好,肋骨开扩,胸深。背腰、肩胛稍隆起,背腰平直、宽。四肢粗壮直立,强劲有力,腕部角度适中,飞节坚实,爪呈虎爪形,掌肥大,对称,从爪上部至腿后部长有绯毛。尾毛长,自然卷于臀上,呈菊花状,下垂时尾尖卷曲。被毛长8~30厘米,呈双层,底层被毛细密柔软,外层被毛粗长。毛长度按颈、尾、背、体、腿、脸的顺序递减。毛色较多,可分为黑色、棕红色、铁包金、纯白、黄色、狼青色、虎皮色等。黑色獒全身黑色、颈下方、胸前可有白色斑片胸花；铁包金獒黑背，黄或棕色腿，两眼上方有两个黄或棕圆点，又称四眼；黄或棕色獒全身毛为金黄、杏黄、草黄、橘黄、棕等色，毛色齐，胸花小为佳；白色獒全身雪白，鼻镜呈粉红色，无杂色为佳。公獒体高65厘米以上，母獒体高60厘米以上；公獒体长75厘米以上，母獒体长70厘米以上；公獒体重45千克左右，母獒体重40千克左右。

◆ **生物学习性**

藏獒性情威猛、善斗、果断、彪悍、倔强，沉着、冷静、稳重；孤傲不逊，感情专一，忠于主人，领地性强，尚存野性，对陌生人具有攻击性；抗逆性强，耐高寒，不耐高温、高湿，适应高海拔，喜肉食。

◆ **生活史特征**

性成熟公獒12月龄，母獒8月龄；体成熟公獒24月龄，母獒20月龄。与其他犬种区别在于，只在冬季屠宰牛羊食物丰盛时，发情交配产仔。饲养管理精心时也有少数1年2次发情。窝产仔6～8头，繁殖

铁包金獒

棕色獒

成活率 90% 以上。

# 拉布拉多犬

拉布拉多犬是主要用于缉毒、搜爆、消防搜救、导盲，作为伴侣等的犬种。又称拉多犬。

拉布拉多犬原产于英国。因被毛紧密，从水中出来时像涂了油样的光亮和似水獭的尾巴而闻名。1903 年首先获得英国养犬俱乐部承认为单独犬种。第一头被美国养犬俱乐部注册登记的拉布拉多犬是 1917 年从苏格兰引进的母犬。狩猎能力良好，依恋性强，奔跑迅速，善游水，嗅觉灵敏，被广泛应用于导盲、搜索和营救等。2000 年，中国从欧洲大批引进。

## ◆ 形态特征

拉布拉多犬中等大小，体躯呈方形。体格强健有力，面部表情和善，步态轻松灵活，动作反应敏捷。性情温和友善，举止文雅，聪明灵活，攻击性弱。头宽阔，成年犬枕骨不显著。嘴唇不能呈正方形或下垂，颌部有力，口吻短粗，咬肌有力。鼻镜宽阔，且鼻孔发达，黄色或黑色犬的鼻镜为黑色；巧克力色犬的鼻镜为褐色。牙齿剪状咬合。耳适度贴近头部，略低于头，略高于眼睛所在水平线。眼睛中等大小，眼神灵活、友善，黑色或黄色的犬，眼睛为褐色；巧克力色犬的眼睛为褐或榛色，眼圈为褐色。颈长度适中，肌肉发达。背结实，在站立或运动中，背线保持水平。肩胛向后倾斜，与上臂呈大约 90°。肩胛骨的长度与上臂骨的长度大致相等。前躯较短，前腿直，骨骼强壮，前腿之间开度适中。

后躯宽阔、肌肉发达，成年犬的下腹曲线几乎是直的，或略上提。腰短、宽而结实，前胸非常发达、健壮。足结实而紧凑，脚趾圆拱，脚垫发达。尾根部十分粗壮，向尖端逐渐变细，中等长度，不超过飞节。没有饰毛，尾似水獭，全身都覆盖着直、短而浓密的被毛，触摸手感坚硬，底毛柔软，颜色为黑色、黄色和巧克力色。黑色犬全身黑色；黄色犬为狐狸红到浅奶酪色，在耳朵、后背、下腹部颜色深浅有所不同；巧克力色犬为深、浅巧克力色。公犬体高 56 ～ 62 厘米，母犬体高 54 ～ 59 厘米；公犬体重 29 ～ 36 千克，母犬体重 24 ～ 31 千克。

◆ **生活史特征**

拉布拉多犬性成熟公犬 10 月龄，母犬 8 月龄；体成熟公犬 24 月龄，母犬 20 月龄。1 年发情 2 次，窝产 7 只左右，繁殖成活率 90% 以上。

拉布拉多犬　　　　　拉布拉多犬（背线水平）

# 史宾格犬

史宾格犬是用于搜索、狩猎、玩赏等的犬种。又称英国激飞猎鹬犬。

史宾格犬原产于英国，是许多猎犬的祖先。1880 年，美国猎犬俱乐部成立，其将超过 12.7 千克的犬都归为史宾格犬。1902 年，英格兰养犬俱乐部承认英国史宾格犬为独立品种。2000 年，中国从欧洲大批引进。公安部南京警犬研究所等建立了史宾格犬良种繁育中心。

◆ **形态特征**

史宾格犬体躯紧凑、匀称、结实，轻松自如，运动灵活，善快跑，兴奋性高而持久，多数断尾。性情友好、温驯，灵敏、依恋性好、占有欲强、兴奋与抑制转化灵活。头约与颈等长，额宽，眼大小适中、呈椭圆形，虹膜的颜色与毛色相协调。眼睑紧而带有小窝，耳长宽薄，靠近脸颊下垂，长约达鼻尖，耳根与眼平齐。颅骨长宽，顶部平坦，侧面和后面略圆。额鼻中间沟明显，沟在额的上部消失，额鼻阶发达。吻与头上部连接微凸，约与颅等长，约为颅宽的 1.5 倍。侧面观，颅的顶线和吻约与地面平行，鼻直，颊呈方形，眼下部轮廓鲜明，颌长，斜而强壮，上唇完全下闭，覆盖下颌线。鼻为肝色或黑色，鼻孔宽，牙坚硬，整齐，剪状咬合，颈长适度、强健，躯干强壮、紧凑，肋骨与关节短，胸深，并与肘平齐，前胸发达，肋骨长，肋骨的终端而逐渐变细，下线与肘平齐。

史宾格犬腹部侧面有轻微的向上弯曲，背直平，腰短，强壮而微拱。臀圆，向尾基倾斜，尾自然下垂。肩胛平坦，肩胛和上臂等长，约成 90°角。前腿直，骨强壮，粗细适中。掌短，强壮而微斜。脚呈圆形或微椭圆形；脚紧凑，拱起，中等大小，厚垫，趾间

**史宾格犬**

有饰毛。大腿宽而强健，膝关节强壮。后掌强壮，骨质良好，小、紧凑。被毛有光泽，有外层毛和下层绒毛。外层毛中等长度、平坦或波浪状，下层绒毛短、柔软而致密，耳、胸、腿和腹覆有中等长度的毛，头部、前肢前面和后肢前面、飞节下面的毛短而精细，毛色为黑、白花色或褐白花色，被毛上的任何白色部分可带斑点。公犬体高41～47厘米，母犬体高40～46厘米；公犬体重15～20千克，母犬体重12～18千克。

◆ 生活史特征

史宾格犬性成熟公犬10月龄，母犬8月龄。1年发情2次，发情期12天左右，平均窝产仔7只以上。

# 第 5 章

# 观赏动物

## 金丝雀

金丝雀是雀形目燕雀科丝雀属的一种。又称芙蓉鸟、芙蓉、白玉鸟、白玉、白燕、燕子、玉鸟等。

### ◆ 地理分布

金丝雀分布于非洲西北部附近大西洋上的加那利、马狄拿、爱苏利兹等群岛上。

### ◆ 形态特征

金丝雀是小型鸣禽，体长 12～14 厘米。野生个体的体羽主要呈灰色，经人工饲养后羽色发生了许多变化，出现了黄色、白色、绿色、花色、辣椒红、橘红色、古铜色、桂皮色等羽色，在这些羽色中又有深浅色的差异，使人工饲养的金丝雀的羽毛颜色更加丰富。其体形和姿态也发生了很大的变化，出现了不同的品系。

### ◆ 生物学习性

野生金丝雀喜欢结群生活。主要以植物种子等为食，夏季也吃昆虫。金丝雀为著名观赏鸟类，饲养技术比较成熟。饲料由干料、粉料、青菜、水、矿物质组成。由于其身体比较娇弱，抗病、抗寒能力不强，应让它们多活动。

### ◆ 生活史特征

金丝雀的巢为杯状，每窝产卵 4 ～ 5 枚。每年 1 ～ 7 月繁殖，孵卵主要由雌鸟担任，孵化期 14 ～ 16 天。

### ◆ 管理措施

金丝雀在中国是饲养比较普遍、数量较多的笼养鸟之一，可以进行人工繁殖。由于在中国没有野生种群，尚无针对这种鸟类的保护措施。

## 鹩 哥

鹩哥是雀形目椋鸟科鹩哥属的一种。又称了哥、秦吉了、海南八哥、九宫、九宫哥、秦吉鸟、山地八哥等。

### ◆ 地理分布

鹩哥共有 7 个亚种，分布于印度北部和中南半岛一带。中国仅分布 1 个亚种，即华南亚种，见于云南西部的盈江和南部的西双版纳、广西西南部、广东、澳门、香港和海南岛。

### ◆ 形态特征

鹩哥是中型鸣禽，体长 27 ～ 30 厘米。雌雄羽色相似。通体黑色，头部和颈部具紫黑色金属光泽。眼先和头侧被以绒黑色短羽，头顶中央羽毛硬密而卷曲，眼下有一橙黄色裸皮，与之相连的有一黄色肉垂，自眼下开始向后经头侧延伸到后枕部。背、肩具金属紫黑色光泽，腰和尾上覆羽具绿黑色光泽，两翅和尾羽黑色而少光泽。初级飞羽基部白色，形成一宽阔的白色翅斑。额、喉蓝黑色，其余下体黑色，羽缘紫黑色具金属光泽。虹膜褐色，带有一白色外圈。嘴橙黄色，头侧肉垂和裸皮黄色。脚亮黄色。

◆ **生物学习性**

鹩哥是留鸟。主要栖息于低山丘陵和山脚平原地区的次生林、常绿阔叶林、落叶阔叶林、竹林和混交林中，尤以林缘疏林地区较常见，也见于耕地、旷野和村寨附近的小块树林中。常成 3 ～ 5 只的小群活动，冬季则多集成 10 ～ 20 只的大群。鸣声清脆、响亮而婉转多变，繁殖期间更善鸣叫，常常彼此互相呼应。主要以蝗虫、蚱

鹩哥

蜢、白蚁等昆虫为食，也吃无花果、榕果等植物果实和种子。

◆ **生活史特征**

鹩哥繁殖期为 3 ～ 5 月。营巢于稀疏杂木林、致密的常绿林，或在开阔地区和作物区的老朽的树洞内。巢中仅堆砌一些枯叶、野草、稻草、树枝、蛇蜕等。每窝产卵 2 ～ 3 枚。卵呈长椭圆形，端部或钝或尖，呈带绿的蓝色，并有不同程度浓淡的咖啡色至红褐色斑点。孵化期 15 ～ 18 天。雌鸟孵卵，雄鸟护巢。育雏期 1 个月左右。

◆ **种群动态**

由于鹩哥是传统的观赏鸟类，导致它被人类过度捕捉，再加上栖息环境恶化等原因，致使其分布区日益狭小、种群数量日趋减少。在中国，曾有野生分布记载的广西南部已未见有任何报道，或许已在广西境内绝

迹；在云南的野外数量也很稀少，仅在海南岛还有一定种群数量。

## ◆ 保护措施

鹩哥已被中国列入《国家保护的有益的或者有重要经济、科学研究价值的陆生野生动物名录》，此外还有部分地区已将其列入地方野生动物保护名单。在国际上，鹩哥已被列入《濒危野生动植物种国际贸易公约》（CITES）附录二中，属于控制商业贸易的鸟类，所有活体或标本的出口必须事先取得 CITES 履约主管部门的出口许可证。

# 鹦 鹉

鹦鹉是鹦形目鹦鹉科鸟类的统称。

## ◆ 地理分布

鹦鹉在全世界有 78 属 332 种，分布于亚洲、大洋洲、非洲、北美洲和南美洲，主要产于大洋洲。中国有 7 种，见于西藏南部、四川南部、云南、广东、广西，是中国常见的观赏鸟类。

## ◆ 形态特征

鹦鹉科鸟类大小悬殊，全长 8～99 厘米。嘴甚短强；上嘴钩曲而具蜡膜，犹如猛禽；上嘴能向上活动，其与头骨如具铰链一般：嘴钩内有锉状构造；舌多肉质而柔软。翅形稍尖。尾长短不一。跗跖短健，被以细鳞。前后皆两趾，适于攀树。体羽常为绿色，或绿蓝和红色等，非常艳丽。雌雄相差不多，幼鸟与雄鸟相似。

中国常见种为灰头鹦鹉，分布于四川西部以南至云南南部。全长约35 厘米。体羽呈绿色，沾染蓝色，胸和上体尤甚；头呈暗灰且有蓝色沾染；

a 红眼镜亚马孙鹦鹉

b 红色吸蜜鹦鹉

c 东玫瑰鹦鹉

d 葵花凤头鹦鹉

e 黄耳鹦鹉

f 红额鹦鹉

g 花头鹦鹉

h 黄额鹦鹉

i 凤头鹦鹉

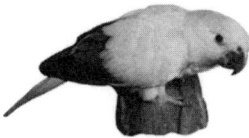
j 金色鹦鹉

k 黑翅情侣鹦鹉

l 帝王亚马孙鹦鹉

**不同种类的鹦鹉**

颏部呈黑色；后颈沾蓝绿色。雄鸟翅上覆羽具深栗色块斑，雌鸟无；尾羽呈绿色和蓝色，尖端呈黄色。繁殖季节单个或成对在沟谷的树林或稀疏的阔叶林区，秋季常成群在雨林啄食榕树果，或集结在山坡草地取食。

# 金　鱼

金鱼是鲤形目鲤科鲫属的一种。

## ◆ 起源

金鱼起源于中国晋朝（265～420）。对于金鱼的起源，很多学者都对其进行过研究。根据胚胎发育、染色体组型、LDH 同工酶、血清蛋白电泳、分子生物学分析等方面的研究，证明金鱼是野生鲫突变而来。

## ◆ 家化和传播

金鱼是野生红鲫在长期人工饲养及选育下家化而成的观赏鱼。被称为中国的"国鱼"。在鱼类演化史上，金鱼是唯一一类由人工选育而成的各个外部器官均发生明显变异的观赏鱼品种。金鱼起源于中国。家化经历了漫长的年月，主要分为以下 4 个阶段。

### 野生时期

中国早在北宋（960～1127）年间，杭州兴教寺等寺庙的水池内已有红鲫饲养。这可认为是原始的金鱼，但其体形仍与野生鲫相似。由于红鲫被古人视为神物，故长期被作为佛教的"放生"用鱼而得到保护。

### 池养时期

至绍兴三十二年（1162），南宋皇帝赵构在杭州德寿宫内大造金鱼池，一些士大夫竞相仿效，养金鱼成为一时风尚。当时还出现了专门从事"鱼活儿"的养金鱼技工，他们用水蚤喂养金鱼，熟悉繁殖金鱼的方法，还出售金鱼。如吴自牧《梦粱录》曾记载："金鱼……今钱塘门外多畜养之，入城货卖，名鱼儿活。"由于人造池中只养金鱼，既没有与野鲫杂交的可能，又避免了种间斗争，因而繁殖较易，繁殖中出现的一些性状变异，经金鱼爱好者的不断挑选、保存，无意识地起到了人工选择的作用。此时金鱼的颜色已有红色、白色、黑白相间的花斑色和淡棕色，但体形尚无多大变化。

### 盆养时期

经辽、宋、金、元诸代，金鱼的性状变化不大。至明嘉靖二十七年（1548），在杭州"生有一种金鲫鱼，名曰火鱼，以色至赤故也。人无有不好，家无有不蓄。竞色射利，交相争尚，多者十余缸，至壬子（1552）极矣"（《七修类藳》）。"火鱼"的出现，进一步引起爱好者的饲养兴趣，杭州、苏州等地开始用缸饲养。至明神宗万历七年（1579），用缸、盆饲养已较盛行，时称"盆鱼"。这一时期，金鱼的体形、鳍、体色等又出现许多新的变异。如出现了五花（彩色）和水晶蓝（玻璃鱼）2 种颜色，新增了透明鳞和网透明鳞 2 种变异。当时，张谦德的《朱砂鱼谱》是中国最早的一本论述金鱼生态习性和饲养方法的专著。

### 有意识人工选择时期

至清代晚期，金鱼饲养进入有意识选种阶段。如句曲山农所著《金鱼图谱》（1848）认为"雄鱼须择佳品，与雌鱼色类大小相称"；拙园老人所著《虫鱼雅集》（1904）提出"出子时盈千累万，至成形后，全在挑选，于万中选千，千中选百，百里拔十，方能得出色上好者"，都说明，当时对金鱼进行有意识的选择已是事实。此时金鱼的品种有20余种。姚元之著《竹叶亭杂记》中载"龙睛鱼中不仅有身黑如墨，至尺余不变的墨龙睛外，尚有纯红、纯翠，又有大片红花者，红碎红点者，虎皮者，红白翠黑什花者"。此时期可称得上是金鱼家化史上的盛期。

从清末到抗日战争全面爆发前的30年间，由于遗传学的发展，人们采取杂交方法获得了一些新品种，增加了蓝色、紫色和紫蓝色金鱼，也出现了翻鳃、水泡眼品种。1935年，中国有70余个金鱼品种，其中新品种有龙睛球、珍珠龙睛、龙睛水泡眼、朱砂眼、蛋种翻鳃、朝天龙球等。到1941年前，在上海一带出现了珍珠翻鳃、珍珠朝天龙、珍珠水泡眼、虎头翻鳃、水泡眼翻鳃、狮子头翻鳃、蛤蟆头翻鳃等品种。此外，还有一种扇尾金鱼。抗日战争期间，原有金鱼品种没有得到很好的保护，是中国金鱼发展史上的一个衰落时期。

1949年以来，中国各地大量培育金鱼，不仅恢复了过去的品种，而且还出现大量新品种，如黄高头、彩色蛋球、元宝红及灯泡眼和珍珠鳞的大量变异品种，朱顶紫罗袍也是在这一时期选育而成，这是中国金鱼发展史上的最盛时期。

中国金鱼于1502年由福建泉州传入日本，1611年前后被运往葡萄牙，1691年前流传到英国，1728年在荷兰阿姆斯特丹繁殖了后代。此后，金鱼成为欧洲许多国家喜爱饲养的观赏鱼。19世纪中叶，金鱼经由美国传到美洲其他国家。

◆ 品种

在长期的养殖过程中，金鱼出现了大量的变异品种，之后变异品种越来越多，从而品系分类比较混乱，有 3 类分类法、4 类分类法、5 类分类法等。按中国习惯分类法可分为金鲫种、文种、龙种、蛋种和龙背5 类。

### 金鲫种

金鲫种又称草金。体形似鲫，单尾鳍。体质强健，抵抗力和适应性都比其他品系的金鱼强。主要类型有：①红鲫。又称金鲫。适合室外大池饲养，若喂以食物，则群集于水面争食，且能随人的拍手声列队而游。品种有红鲫、银鲫、花色鲫等。②燕尾。尾鳍特别长，超过体长一半。品种有红燕尾、红白花燕尾、彩色燕尾等。

红鲫

燕尾花式金鱼

### 文种

文种又称文金。最早由草种品系的金鱼经不断驯养改良而形成。体形较短而宽，具背鳍，各鳍发达，从背部俯视鱼体时，犹如"文"字，故名文种。主要类型有：①文鱼。原称纹鱼，体短，头尖，呈三角形，为文种的原始品种。1772 ～ 1788 年经中国台湾地区传入日本。以尾鳍超过体长而闻名。名贵品种有红文鱼、彩色文鱼、桃花文鱼等。②虎头。或称堆玉。头部有肉瘤，从头顶一直包向两颊，眼和嘴也陷入肉瘤。若肉瘤厚实，中间又隐现五字花纹的更属上品。名贵品种有红虎头、黄虎头、红顶白虎头等。③高头。亦称帽子。与虎头极相似，但其肉瘤只限于头顶部，并不包向两颊。名贵品种有紫高头、彩色高头、紫蓝花高头等。日本称紫高头为茶金。④朱顶紫罗袍。全身为深紫色，头顶有肉瘤，唯整个头部呈鲜红色，而眼、鼻膜和嘴均呈黑色。非常稀少，极其名贵。⑤鹤顶红。全身银白，头顶生红色肉瘤，又称一点红。其中肉瘤位正、色泽鲜红者尤为名贵。日本称为丹顶。⑥珍珠鱼。又称珍珠鳞。体形呈梭形，两头尖，腹部圆，全身具有珍珠鳞。若头部尖、腹部膨大呈球形，则称为球形珍珠鱼，系名贵品种。其他名贵品种还有红珍珠鱼、墨珍珠鱼、彩色蝶尾珍珠鱼、红球形珍珠鱼、白球形珍珠鱼、彩色球形珍珠鱼等。⑦翻鳃。鳃盖骨卷曲生长。名贵品种有红文鱼翻鳃、红白花珍珠翻鳃、彩色珍珠翻鳃等。

**龙种**

龙种又称龙睛、龙金。被当作金鱼之正宗，国际上称其是真正的"中国金鱼"。体形短粗。眼球发达，凸出于眼眶外，犹如古代传说中龙的

**龙睛黄金鱼**

眼睛。眼形分圆球形、轮胎形、圆柱形、椭圆形和葡萄形等。有背鳍，各鳍发达。主要类型有：①龙睛。体形短，凸出的眼球有各种形状，如圆球形、梨形、圆筒形等。品种有红龙睛、蓝龙睛、紫龙睛等。②墨龙睛。全身色泽

浓黑如墨，或如乌绒，背部尤其显著。若 2 ～ 3 年不变成红色，则为名贵品种，如有大尾墨龙睛、蝶尾墨龙睛等。③玛瑙眼。全身银白色，闪闪有光，而眼球色彩为红白相间，犹如玛瑙。以尾鳍长、身上无色斑者为名贵品种。④龙睛球。龙睛带有较大的绒球，日本称为鼻房。名贵品种有紫龙睛球、虎头龙睛球、红龙睛四球等。

### 蛋种

蛋种又称蛋金。在古代品种是最多的古金鱼品系，曾经达 76 个品种。体形短小，圆似鸭蛋。各鳍也较为短小，其中长鳍者，称为蛋凤。典型特征是无背鳍。主要类型有：①蛋球。又称绒球蛋，体稍长。品种有红蛋球、蓝蛋球、红白花蛋球、虎皮蛋球等，其中以虎皮蛋球较为名贵。②蛋凤。又称丹凤。与红蛋球极相似，唯尾鳍长而薄。品种有红蛋凤、蓝蛋凤、彩色蛋凤、银色蛋凤等，其中以蓝蛋凤的尾鳍特别长。③元宝红。全身银白，具反光，唯头顶具有红色斑块，形如元宝。以斑块位于正中为上品。④水泡眼。在眼球下生有一个半透明泡，凸出于眼眶之外，泡内充满液体，故名水泡眼。当游动时，水泡左右晃动，姿态动人。名贵品种有红水泡眼、红白色水泡眼、彩色水泡眼、朱砂水泡眼、墨水泡眼等。⑤狮子头。亦称虎头，公认的名贵金鱼。体粗短，头部甚大，肉瘤发达，从头顶一直包向两颊，眼和嘴均位于肉瘤内。尾鳍短小者为上品。名贵品种有红狮子头、红白狮子头、蓝狮子头、彩色狮子头等。在日本，因体形和颜色的差异，又有不同的名称，如纯白色的称为富士峰，纯红色的称为红叶等。⑥狮子滚绣球。狮子头带有大的绒球，每当游动时，左右摆动，酷似狮子戏绣球，逗人喜爱。以绒球大而圆为名贵。

⑦鹅头。与狮子头相似，肉瘤只限于头顶。日本称为江户锦。名贵品种有红鹅头、花鹅头等。⑧朝天龙。中国北方称为望天眼。眼球向上生长，体形较龙种细长，北方饲养的多为短尾型，南方多为长尾型。品种有红朝天龙、白朝天龙、蓝朝天龙等。⑨蛤蟆头。头似蛤蟆头，眼球微凸出，并具有类似水泡眼的硬泡。品种有红蛤蟆头、彩色蛤蟆头、玻璃花蛤蟆头等。

金色鱼泡眼金鱼

水泡眼金鱼

红顶虎头金鱼

狮子头金鱼

## 龙背

龙背是近代金鱼杂交史上的一大杰作。龙背虽品种不多，但有的品种却十分有名，其主要特征是既有发达的龙睛眼形，又有蛋种无背鳍的光背体形。龙背品系的金鱼有30多个品种，包括朝天龙（望天眼）、紫龙背、龙背灯泡眼、虎头龙背、五花蛋龙球、虎头睛和蛤蟆头等名贵品种。

龙背也可按头形、尾形、眼形、体形、鳞片、鳃盖以及嗅球等特征系统分类：①按头形可分为平头形、鹅头形、高头形、狮头形、虎头形、寿星头形和皇冠头形等。②按尾形可分为单尾、双尾、刀尾、三尾、四尾、蝶尾和裙尾。③按眼形可分为正常眼、龙睛眼、朝天眼、玛瑙眼、葡萄眼、水泡眼和蛤蟆眼。④按体形可分为纺锤形、蛋形、圆球形、三角楔形。⑤按鳞片可分为正常鳞、

**红白兰寿金鱼**

珍珠鳞和金银鳞。⑥按鳃盖可分为正常鳃盖、透明鳃盖和翻鳃。⑦按嗅球特征可分为绣球和绒球。

◆ **形态特征**

金鱼体形有纺锤形、长身形、短身形及介于后两者之间的中间形，而各类型在头部、鳞片、体色、鳍等方面还存在众多的变异。与鲫鱼相比，金鱼的眼睛、头形、背鳍、尾鳍、颜色、鳞片、体形均出现了变异。

**头部**

金鱼头部一般略呈三角形，通称平头。其中虎头和狮子头头部较宽大，头顶和两颊皮肤上有肉瘤；珍珠鱼的头狭而呈尖形。口均位于头的前端，有些品种则因面颊上的肉瘤发达且凸出而显得口部内缩。鼻孔通常有一皮肤褶即鼻瓣。有的品种的鼻瓣特别发达，形成一簇肉质小叶，

犹如绒球。眼睛位于头部两侧的中央、呈圆形、角膜透明的，称正常眼，如绒球、珍珠鱼等；眼球特别膨大，且凸出于眼眶之外的，称为龙睛，如红龙睛、墨龙睛等；眼球膨大外突、瞳孔朝上转90°的，称为朝天龙；眼球腹部眼眶中膨大成为一个小泡，游动时小泡不动的称蛤蟆头；若膨大成大水泡，游动时水泡会晃动的称水泡眼。鳃盖有正常鳃盖、透明鳃盖和翻鳃盖之分。多数品种是正常鳃盖。翻鳃盖是主鳃盖骨和下鳃盖骨后端游离、外卷，部分鳃丝裸露所致。

### 鳞片和体色

金鱼鳞片有正常鳞、透明鳞和珍珠鳞之分。正常的鳞片因有反光组织和色素细胞的存在而呈各种颜色。透明鳞缺少反光组织和色素细胞。珍珠鳞的边缘部平整且颜色深，中央部分凸起且颜色浅，故呈珍珠状。体色有灰、红、黄、黑、白、紫、蓝等色之分。此外还有2种色彩相间的色斑和3种以上色斑相混的五花。

### 鳍

金鱼胸鳍形状因品种而异。燕尾、龙睛、文金的胸鳍略呈三角形；蛋金的胸鳍呈椭圆形。蛋金、龙背金缺少背鳍。大多数品种有正常背鳍。金鱼有成对的臀鳍。同一品种有具双臀鳍的，也有具单臀鳍的，通常具有双臀鳍是优良性状。尾鳍有单尾鳍和双尾鳍之分。除金鲫种为单尾鳍外，其他品种均为双尾鳍。按双尾鳍长度，又分为短尾型、长尾型和中间型。双尾鳍的形状变异很大，有的背叶相连，腹叶分离，称为三尾；有的背、腹叶都分离，称为四尾；尾鳍下垂的称为垂尾。尾鳍伸展呈蝴蝶形的称为蝶尾；尾鳍特别长大的称为凤尾。有的品种尾鳍边缘镶有不同颜色的纹理或鳍上有色斑。

◆ 饲养

金鱼整个饲养过程分为水和容器饲养、鱼苗饲养及幼鱼、大鱼饲养三个阶段。

### 水和容器饲养

一般用井水或自来水饲养金鱼。井水冬暖夏凉，但溶氧少。自来水因含有一定量的氯，使用前必须贮存 48 小时以上，或者可加入硫代硫酸钠 6.8 ～ 14 毫克 / 千克消除水中余氯。适宜水温 20 ～ 30℃，最适水温 23 ～ 25℃。饲养鱼苗时所换水温差不宜超过 2℃，饲养幼鱼和大鱼时换水温差以 4℃ 内为宜。水中溶氧量至 0.8 毫克 / 升时，鱼开始浮头，此时应换水或送气，否则易造成窒息死亡。适宜 pH 为 6 ～ 8.5，以 7.5 ～ 8 最适。

大规模饲养金鱼多用水泥池，其大小、式样依需要而定，面积一般为 1 米 ×1 米、2 米 ×2 米或 4 米 ×4 米，深度为 0.2 ～ 0.5 米。池底有一直径 0.3 ～ 0.5 米、深 0.05 ～ 0.1 米似锅底的深窝，便于捞鱼和排水。中国北方习惯用直径 0.7 ～ 1.5 米、高 0.3 ～ 0.5 米的木盆。此外，还有用黄沙缸、天津泥缸、宜兴陶缸等饲养金鱼的，以口部宽敞的浅水缸为宜。缸的内壁力求光滑，以免擦伤鱼体。容器宜置向阳通风处。

### 鱼苗饲养

金鱼卵黏在水草上孵化。初孵鱼苗附在容器壁或水草上，仅偶尔做垂直活动，以腹部的卵黄囊为营养来源。2 ～ 3 天后鱼鳔充气，能做水平方向游泳，卵黄囊消失，可开始喂食。这时鱼苗可吞食 15 ～ 50 微米大小的食物。每天上、下午各喂熟蛋黄浆 1 次，也可投喂原虫、轮虫、硅藻等。经 7～8 天后的鱼苗已能吞食小水蚤。孵化后 10～15 天，需进行第一次换水，通常是连鱼带部分陈水一同倒入新水中。此时如鱼苗规格相差过大，应分缸饲养，全长 0.5 厘米左右的鱼苗，可放养约 1 万尾 / 米$^3$；全长 1 厘米左右时放 4000～6000 尾 / 米$^3$ 为宜。以后每隔 15 天进行换水。经 3 次换水，鱼苗长到全长约 2 厘米时，可转入幼鱼饲养阶段。

鱼苗孵出时，体为青灰色，饲养 1 个月后，开始生长鳞片，体色变化，有白色、淡黄色、肉红色和黑斑出现，以红色出现最迟。这是金鱼特有的变色现象。因品种、水温和光照强度不同，变色亦有早迟。

由于金鱼的变异性大，即使纯种交配，子代也形态各异，因此需及时选鱼。第一次选鱼在孵化后 10～15 天、鱼苗全长约 1.5 厘米时进行，用白瓷汤匙进行选择。一般是单尾一律淘汰（单尾品种例外）。以后每隔 10～15 天进行 1 次。第二次在鱼苗长至全长 2 厘米、尾鳍已分离时进行，凡不具三四复尾的一律淘汰。第三次将背鳍发育不全的淘汰。第四、第五次时鱼已经长成幼鱼（全长 3 厘米左右），主要结合品种形态特征进行选择。通常大鱼和留种亲鱼至少经过 5 次选择方可达到要求。

### 幼鱼、大鱼饲养

凡短身、短尾鳍的金鱼如狮子头、球形珍珠鱼等宜在盆（缸）中饲养，而长身、长尾鳍的品种如龙睛、鹤顶红、蓝蛋凤等则宜在水泥池或土池中饲养。放养密度为：3 厘米以上的幼鱼和当年鱼为 200～250 尾 / 米$^3$，2 龄以上的为 80～100 尾 / 米$^3$。有增氧设备的，放养密度可适当增加。

饲养名贵品种的密度应减低。

　　金鱼是以动物性饵料为主的杂食性鱼类。饵料中动物性占70%～80%、植物性占20%～30%最为适宜。最好的饵料是活水蚤、摇蚊幼虫、孑孓和水蚯蚓。大鱼经常喂些芜萍、小浮萍等,对生长、发育有益。投饵前应充分洗净或用药物消毒。每天投喂1～2次。每天的投喂量,当年幼鱼和1龄鱼相当于头部大小,2龄鱼相当于头部的一半;人工配合饵料,约相当于体重的5%。

　　换水次数依鱼的饲养密度和季节而定。夏季每天或2～3天1次,春、秋季每4～5天1次(繁殖时除外),冬季每7～15天1次。露天饲养的在雷雨和下雪后应及时换水,不然因水温降低或雨雪水带进污物和臭氧,对金鱼生长不利。换水方法有2种:一是将金鱼捞出,全部换上备好的新水;另一种称为注水,是用橡皮管吸除底层污物和陈水,然后徐徐注入新水。注水的数量与次数完全视水质情况而定,每次换去原水量的一半左右。水面的污物和外来的杂物等每天要用细眼网捞去,以保持水质的清洁并有利氧的交换。夏季水温超过30℃时,需要遮阴。在冬季,长江流域以北地区要将金鱼移到室内越冬,南方地区也应采取防寒措施。

　　金鱼常见病有黏细菌性烂鳃病、白头白嘴病、寄生虫性车轮虫病、鱼波豆虫病、斜管虫病、小瓜虫病等。防治时可将鱼在食盐水中浸洗5～15分钟。对细菌性打印病、竖鳞病、蛀鳍烂尾病等可用呋喃西林20毫克/千克浓度浸洗20～30分钟,或遍洒全池使池水成1～1.5毫克/千克浓度加以防治。小瓜虫病用2毫克/千克的硝酸亚汞浸洗1.5～2

小时（水温 15℃ 以上时）或 2 ～ 3 小时（水温 15℃ 以下时），疗效较佳。

在水泥池中饲养鱼苗如放养密度适宜、饵料充足，经 2 个月全长可达 5 厘米，到年底可达 12 厘米。在缸盆中饲养鱼苗，到年底全长可达 8 厘米左右。2 龄鱼原长 8 厘米左右的，年底为 12 ～ 14 厘米；原长 12 厘米左右的，年底全长可达 16 ～ 18 厘米。

◆ **繁殖**

在中国长江流域一带，1 龄、2 龄金鱼多数即能成熟产卵；在北方地区，一般以 2 龄、3 龄作亲鱼。金鱼繁殖季节中国南方地区在春节前后，长江流域一带在清明前后，北方地区在谷雨以后。金鱼产卵的温度为 16 ～ 22℃。雌、雄鱼的配合比例为 2：3 或 1：2。如缺少雄鱼，1：1 也可。产卵量和鱼体大小、营养和发育情况有关。通常 1 龄鱼产卵 300 ～ 5000 粒；2 龄鱼产卵 4000 ～ 10000 粒。其他繁殖特性和鲫、鲤相似。

◆ **价值**

金鱼因形态各异、色彩缤纷、品种繁多，世界各国都有饲养，但以中国和日本较为普遍。中国金鱼的品种、数量居世界首位，其中许多是特有的名贵品种，每年大量出口。在国际市场上，金鱼以其丰富的色彩和多变的体形在欧美和日本等国家受到欢迎。金鱼也是研究生物进化的重要实验材料；国际上测定各种药物对鱼类的毒性指标常以金鱼为试验对象。由于金鱼喜吞食孑孓，在公园、宾馆、庭院的喷水池、人工小河和小湖中放养金鱼，还可以控制蚊子滋生，保持水质清新。因此，饲养金鱼不仅具有较高的观赏价值，而且有一定的科学、经济价值。许多公园和庭院内都饲养金鱼。

# 锦 鲤

锦鲤是鲤形目鲤科鲤属的观赏鱼类。身具色彩和斑纹，观赏价值高。

## ◆ 概况

公元前 533 年，中国就有关于锦鲤饲养方面的书籍，当时锦鲤的色彩仅限于红、灰两种，且锦鲤的饲养目的仅限于食用。公元前 200 年，锦鲤从中国经由朝鲜传入日本，之后一直到 17 世纪，逐渐在日本西北海岸的新潟地区建立起锦鲤的养殖中心。公元 1804～1829 年，日本将普通鲤改良而成锦鲤，故锦鲤被称作日本"国鱼"。后来，培育出了德国锦鲤。

19 世纪，当地通过人工繁殖和家系选育，形成了红色、白色和亮黄色品种，然后通过红色和白色锦鲤的杂交，成为有史以来最早的红白锦鲤。同样，陆续出现了浅黄、黄写和别光锦鲤。这些种类的锦鲤能够几个世代保持稳定的性状，由此出现了一系列品系。

20 世纪初，日本引进了一些德国锦鲤，并与浅黄锦鲤杂交首次繁殖出秋翠锦鲤（德国锦鲤的一种）。1914 年以后，锦鲤逐渐被引到新潟地区以外饲养，整个锦鲤养殖业开始繁荣起来，且在不断杂交育种的尝试下，陆续出现了一些新品种：如大正三色（红白锦鲤 × 别光锦鲤，1917）、黄写（黄别光锦鲤 × 真鲤，1920）、白写（黄写三色 × 白别光，1925）、昭和三色（1927）、黄金（1947）、昭和黄金（1958）、松叶黄金（1960）、孔雀黄金（1960）等品种。

## ◆ 品种

除德国锦鲤外的所有锦鲤，从生物学意义上讲都属于同一物种。根据锦鲤的色彩及斑纹的不同，可分出 100 多个品种。锦鲤的遗传变异性很大，如昭和三色的雌雄个体交配，子 1 代中出现昭和三色特征的概率仅为 20%，与亲鱼的色彩、花纹完全相同的仅有千分之几。

### 红白锦鲤

鱼身色彩是白底上具有红色花纹的锦鲤称为红白锦鲤。红白锦鲤是锦鲤中最具观赏价值也是最引人瞩目的品种。格言道"始于红白，而终于红白"就说明了这一点，意思是刚出现红白锦鲤时为之赞叹，以后虽然又出现了许多其他种类，令人眼花缭乱，但最终还是觉得红白锦鲤最好。

### 大正三色

白底上有红色或黑色斑纹的锦鲤称为大正三色。其基本要求是头部仅有红斑而无黑斑，胸鳍上有黑色条纹或无黑色条纹。大正三色同红白一样，是锦鲤的代表品种。

### 昭和三色

黑底上有红、白斑纹，胸鳍的基部有黑斑的锦鲤称为昭和三色。昭和三色与大正三色的区别在于：虽然二者都有红、白、黑 3 种颜色，但大正三色是白底上有红、黑两种斑纹，而昭和三色则是黑底上有红、白两种斑纹。具体区别有 3 点：①大正三色头部无黑斑，而昭和三色有。②大正三色的黑色呈圆块状，分布于鱼体侧线以上部分，而昭和三色的黑斑呈连续的带状或细纹状，遍布全身，包括侧线以下的腹部。③大正三色的胸鳍是全白或有黑条纹，而昭和三色的胸鳍基部必定有圆块状黑斑。实际上，大正三色和昭和三色的黑斑在"质"上是有区别的：前者是白底上的黑斑（墨穴），后者的黑斑无白底衬托。

### 别光

白底、红底或黄底上有黑斑的锦鲤称为别光，属大正三色系列。

### 写鲤

黑底质上有三角形白、黄或红斑纹的锦鲤称为写鲤。

### 浅黄

背部呈深蓝色或浅蓝色，成片蓝色或浅蓝色鳞片的外缘（覆轮）呈白色，头部两侧鳃盖、腹部及各鳍基部均呈红色的锦鲤称为浅黄锦鲤。德国鲤系统的浅黄锦鲤称为秋翠。

### 衣鲤

红白锦鲤或二色锦鲤与浅黄锦鲤交配所产生的品种称为衣鲤。

### 黄金与白金

全身都是金黄色的鲤鱼称为黄金锦鲤。黄金锦鲤与灰黄金锦鲤交配，得到一种全身银白色的锦鲤，称为白金锦鲤。德国鲤中全身银白色的锦鲤称为德国白金。

黄金锦鲤

### 金银鳞

金银鳞类锦鲤的鳞片能发出金色或银色光彩，故称"金银鳞"。如红白锦鲤带有发光鳞片者则称银鳞红白，类推可得出银鳞昭和、银鳞三色等。

**丹顶**

头部有一块圆形红斑，而鱼体上无红斑的锦鲤称为丹顶。丹顶只能在头部有一块圆形红斑。

### ◆ 生物学习性

锦鲤个体较大，体长可达 1 米，重 10 千克以上。锦鲤生性温和，喜群游。生长适宜水温为 20～25℃，对水温、水质的要求不严，可生活于 5～30℃ 水温环境。适于生活在微碱性、硬度低的水质环境中。杂食性，一般采食软体动物、高等水生植物碎片、底栖动物以至细小的藻类或人工合成颗粒饵料。

锦鲤

### ◆ 生活史特征

锦鲤性成熟为 2～3 龄。每年 4～5 月产卵。寿命长，平均约 70 岁。

### ◆ 养殖

锦鲤易饲养，可在公园、庭院的水池中饲养，也可选择室内水族箱内饲养。但养殖时需注意防治痘疮病、肤霉病、皮肤发炎充血病、赤皮病、肠炎病、黏细菌性烂鳃病、白头白嘴病、竖鳞病、打印病、烂尾病、斜管虫病、黏孢子虫病等。

# 孔雀鱼

孔雀鱼是鳉形目花鳉科花鳉属的一种。学名为孔雀花鳉，又称百万鱼。孔雀鱼因雄鱼有着像孔雀一样色彩绚丽、宽大飘逸的尾鳍而得名。卵胎生鱼类。常见热带观赏鱼之一。最早由德国科学家 W. 彼得于 1859 年在委内瑞拉发现。

## ◆ 形态特征

孔雀鱼野生个体体长 3 ～ 5 厘米，人工培育的个体较大些。雌鱼比雄鱼个体大，但颜色暗淡。孔雀鱼的形态变化主要在尾鳍。通过多年人工杂交选育，出现了纷繁复杂的不同颜色、体形、鳍形相组合的品系。市售的孔雀鱼几乎全部都是人工培育的个体。常见的尾鳍形态有圆尾、尖尾、铲尾、琴尾、上剑尾、下剑尾、双剑尾、三角尾、皇冠尾、扇

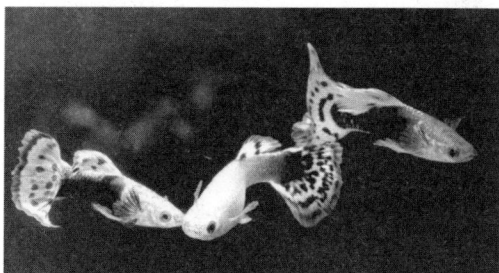

扇尾孔雀鱼

双剑尾孔雀鱼

尾等。主要品种有蛇皮孔雀、红袍孔雀、黑袍孔雀、紫袍孔雀等。

## ◆ 生物学习性

孔雀鱼是中上层鱼类。容易饲养。适宜水温为 22 ～ 28℃。可忍受的最低温度为 12 ～ 13℃。最低光照强度为 1500 ～ 2000 勒，一天应至

少保证 12 小时的光照。喜"老水",水的酸碱度接近中性,硬度为 8 ~ 10,每天的换水量不宜超过 1/10。杂食性,能吃几乎所有类型的饵料(甚至包括自己的幼鱼)。性情平和,但与其他小型热带鱼混养时,要注意避免雄鱼的尾鳍被其他鱼啄咬。

◆ **生活史特征**

人工饲养条件下,孔雀鱼性成熟只需 3 ~ 4 个月,雌鱼每 3 ~ 4 周就可以生产出将近 40 尾幼鱼。人工繁育时,雌鱼和雄鱼的搭配比例为 1∶4。经过追逐,成熟雄鱼靠臀鳍特化成的交接器将精液送入雌鱼体内,受精卵在雌鱼体内发育成稚鱼后产出。幼鱼出生后便会游动和吃细小的水蚤。要将刚出生的幼鱼与亲鱼分开,以免被亲鱼吃掉。另外,如果想保持某一品系的稳定,需避免将不同品系的孔雀鱼混养在一起,以免出现杂交后代性状改变。

## 胭脂鱼

胭脂鱼是鲤形目亚口鱼科胭脂鱼属的一种广温性淡水鱼。又称黄排、火烧鳊、红鱼、燕雀鱼和紫鳊鱼等。是胭脂鱼科在中国的唯一代表,也是中国特有属种。

◆ **地理分布**

胭脂鱼仅分布于长江干流及通江湖泊和中上游的主要支流,以及福建闽江水系中。

◆ **形态特征**

胭脂鱼头短,吻钝圆。口小,下位,呈马蹄形。无须。侧线完全。鳞中等大，近似圆形。侧线鳞 48 ～ 53。背鳍无硬刺，基部甚长，末端接近尾鳍，以第三至第十根分支鳍条最长，往后则较短，背鳍条 50 ～ 57；尾鳍叉形。不同生长阶段体形、体色变异大。仔鱼体形细长，体色半透明或灰白色；幼鱼体较高，侧扁，背鳍起点前明显隆起，体呈三角形，体色银灰或淡紫色，体侧有 3 条黑褐色斜横斑，眼球处也有 1 条黑褐色横斑；成鱼体形延长，背部隆起减缓，腹部平直，全身淡红或胭脂红色，并在鱼体两侧正中各有 1 条较宽的猩红色纵条斑，从吻端直达尾鳍基。

◆ **生物学习性**

胭脂鱼常栖息于江河中下层水体。幼鱼行动缓慢，成鱼行动矫健。喜流水，有溯河洄游习性。在 2 ～ 34℃ 水环境可生存，生长适宜水温为 22 ～ 28℃，繁殖适宜水温为 15 ～ 18℃。主要以底栖无脊椎动物为食，食物组成常随栖息场所不同而有极大差异。在江河中主要摄食水生昆虫，尤其喜食摇蚊幼虫；在湖泊中则以软体动物为主，尤以蚬和淡水壳菜占优势；

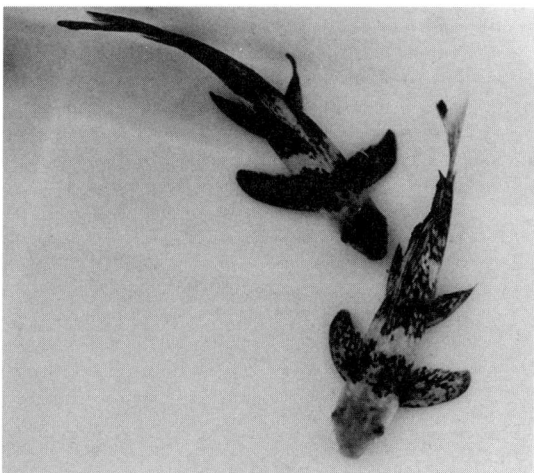

中华胭脂鱼

在池塘养殖时喜食水蚯蚓或陆生蚯蚓，也食蚌、螺蛳肉及虾等。全年摄食，尤以繁殖过后摄食频率高。在人工养殖条件下可摄食人工配合饲料。

## ◆ 生活史特征

胭脂鱼生长快。个体大，最大个体重达 35 千克。雌性 7 龄、雄性 5 龄前生长迅速。雌鱼一般 7 龄达性成熟，体重约 9 千克；雄鱼 5 龄达性成熟，体重约 8 千克。绝对繁殖力为 21 万～39 万粒，平均 27.9 万粒。产卵季节为每年的 3 月中下旬至 4 月上中旬，水温达 14℃ 时，选择底质为砾石或礁板石、流态较紊乱的江段产卵，产卵活动多在清晨发生。成熟卵呈黄色，卵径 2.2～3.3 毫米。受精卵吸水后具微黏性，沉于江底砾石或礁板石的缝隙内发育孵化。受精卵需保持流水环境，胚胎发育的适宜水温为 15～18℃。水温 15℃ 环境，经约 200 小时可孵化出苗。

人工催产时多采用圆形产卵池，并保持流水刺激，通过人工授精获得受精卵。采用孵化器或孵化槽流水孵化。孵化期间尤需注意水质调控，防治水霉病发生。出膜仔鱼全长 8～11 毫米，多数时间静卧水底，约 5 天后可做短距离垂直游动，10 天后全长约达 15 毫米，鳔出现并充气，可做水平游动，卵黄已吸收，开始摄食外源性饵料，出膜 60 天全长约达 60 毫米。

## ◆ 养殖

20 世纪 70 年代，中国开始将胭脂鱼引入池塘进行试验性养殖；80 年代末，胭脂鱼被列入中国重点保护水生野生动物名录，其人工繁殖技术得到加强，苗种生产量逐渐提高。在开展自然水域增殖放流同时，湖北、四川、广东等地开始进行商业化养殖，但养殖总产量不大。

# 第 6 章

# 特种经济动物

## 肉 鸽

肉鸽是主要供食用而饲养的鸽子。

### ◆ 品种

肉鸽的商品化饲养始于 20 世纪 70 年代末。主要在中国广东、广西、海南、安徽、江苏和上海等地饲养。中国肉鸽品种资源丰富，有 20 余种，饲养数量较多的有石歧鸽、王鸽、蒙丹鸽、贺姆鸽、卡努鸽、鸾鸽和塔里木鸽。石歧鸽和塔里木鸽是中国著名的地方品种，其余均为引进品种。

### ◆ 形态特征

肉鸽毛色较杂，主要以灰、白、黑、深褐色为主。明显的特征是体形较大，胸宽，肌肉发达。喙短而粗壮，呈锥状。嘴角有结痂，年龄越大结痂越厚。鼻瘤因年龄和品种不同，颜色和结构不同。喙基部有浮肿的蜡膜。颈浑圆而粗壮。背长宽而直。足

**肉鸽**

较短，趾间无蹼。

## ◆ 养殖

成年公鸽体重 700 ～ 1200 克，母鸽 600 ～ 850 克；乳鸽出雏后 30 天左右体重达 600 ～ 700 克。肉鸽有配偶选择性，双方共同筑巢、孵卵、

**笼养的肉鸽**

哺育乳鸽，每对种鸽年产乳鸽 6 ～ 9 对。大型肉鸽养殖场多采用人工孵化，可使种鸽产蛋率提高 37.5%，出雏率提高 20%，破蛋率和死胎率下降 10% 和 15%。种蛋受精率 95% 以上。孵化期 17 ～ 18 天。

大型养殖场多采用笼养方式，以玉米、稻谷、小麦、豌豆、绿豆、高粱等植物性饲料为主，需添加保健沙。

## ◆ 经济价值

在中国，肉鸽一直作为珍贵的滋补食品，素有"一鸽当九鸡"的美誉。肉鸽肉质鲜嫩，必需氨基酸含量达 8.43%，谷氨酸和天冬氨酸含量达 3.36%；乳鸽的营养价值较高。鸽肉、骨、蛋等还具有一定的药用价值，400 年前，鸽肉和骨就已被列为传统中成药"乌鸡白凤丸"的主要原料。

# 贵妃鸡

贵妃鸡是中国引进特禽品种。又称贵妇鸡、皇家鸡。

◆ **形态特征**

贵妃鸡结构紧凑，胸肌发达，全身羽毛基调为黑色，白色飞花不规则分布全身，鲜红的肉冠呈 W/V 字形，故称三冠。公鸡冠后侧有形如圆球的大朵黑白花羽毛片，冠挺立。母鸡毛冠几乎覆盖整个颜面。脚上有 5 爪，粉色胫部上着有黑色斑点。成年公鸡体重 1600±123 克，体长 24±0.7 厘米，屠宰率 91.1%±7.9%，全净膛率 67.8%±7.2%。成年母

贵妃鸡

鸡体重 1100±100 克，体长 21.1%±0.8 厘米，屠宰率 89.5%±8.2%，全净膛率 64.7%±6.0%。开产日龄为 166 天，年产蛋量 160 枚，72 周龄产蛋数达 167 枚，平均蛋重 42 克，种蛋孵化率 85%，料重比 4.5：1。

◆ **养殖**

贵妃鸡原产于法国，曾是欧洲皇室特供特禽。20 世纪中后期引入中国，经育种专家多年研究选育，已经建立了贵妃鸡自别雌雄良种配套繁育体系。中国各地均有饲养，饲养量占世界总量的 95% 以上。

◆ **经济价值**

贵妃鸡具有皮薄、肉美、脂肪少的特点，不仅可以作为生产优质肉鸡的配套亲本推广应用，也可以作为蛋鸡育种的理想素材，生产小型特色蛋鸡的配套系。

# 雁

雁是杂食性水禽。又称野鹅。

## ◆ 品种

经过长期驯养而形成养殖规模的雁有鸿雁和灰雁。主要为肉用。人工养殖条件下，已无迁徙特性。

## ◆ 形态特征

雌鸿雁小于雄鸿雁，翅短。喙黑色，虹膜红褐色或金黄色，跗跖橙黄色或肉红色。雄鸿雁上嘴基部有一疣状突。羽毛从额到后颈中央暗棕褐色，额与嘴之间有棕白色细纹。头侧、颏和喉淡棕褐色。背、肩、腰、翅上覆羽和三级飞羽暗灰褐色，分布有明显的白色斑纹或横纹。尾上覆羽暗灰褐色，最长的尾上覆羽纯白色，尾羽灰褐色。前颈和颈侧白色，前颈下部和胸肉桂色，向后逐渐变淡，到下腹则全为白色。尾下覆羽白色，两胁暗褐色，具棕白色羽端；翼下覆羽及腋羽暗灰色。雏鸟上体羽黄灰褐色，下体羽淡黄色，额和两颊淡黄色，眼周灰褐色，额基无白纹。

灰雁

成年雄鸿雁体重2.85～4.25千克，体长821～930毫米；成年母鸿雁体重2.80～3.45千克，体长800～850毫米。性成熟一般为10～12月龄，产蛋期为每年的4～7月，年产蛋量为20～25枚，平均蛋重 130 ～ 145 克，蛋壳白色或乳白色。雌雄比为（2 ～ 3）：1。孵化期 28 ～ 30 天。

◆ **养殖**

雁的主要饲养方式为圈养，草食性能强，料肉比为 2.5：1。雁肉是较好的营养保健品，还具有药用功能，羽绒保暖性能良好，羽毛可用来加工制成扇子等工艺品。人工养殖多为雁与鹅的杂交后代。

## 蓝颈鸵鸟

蓝颈鸵鸟是肉用和皮用特禽品种。

◆ **品种**

蓝颈鸵鸟野生状态下分为南非蓝颈鸵鸟和索马里蓝颈鸵鸟。中国养殖的为南非蓝颈鸵鸟，原产地为南非，中国于 1995 年开始从法国、美国、南非等国引进，主要养殖地区为河北和陕西等地。2012 年被列入《中国畜禽遗传资源志·特种畜禽志》。

◆ **形态特征**

蓝颈鸵鸟体形较大，颈长，头小，头部有针状羽毛。成年雄鸟体羽黑色，颈蓝灰色，颈部绒毛较少，颈基部有白色颈环，翼尖及尾部大羽毛白色，尾羽棕黄色，皮肤淡青色，跗跖红色，无裸冠斑。成年雌鸟体形比雄鸟小，全身羽毛浅灰褐色。翼尖及尾部的大羽毛有白色的、灰色的，也有白色与灰色掺杂的，雌鸟体躯丰满浑圆，颈、脚细长，繁殖期腹部饱满柔软。裸露的皮肤灰白色。雏鸟羽毛头顶褐色，颈部和下腹是浅褐黄色丝状羽毛。背部是黑色、褐色、浅褐色的丝状羽毛，间有白色条状小毛。颈部背面从头枕部至颈基有 3 条黑色带，正中的 1 条黑色带比较完整，两侧的 2 条黑色带有间断或有宽窄。头顶及颈部的腹侧面有如豹斑样的不规则黑色斑块或斑点羽毛。成年雄鸟体重 95 ～ 110 千克，体高约 2.6 米。成年雌鸟体重 87 ～ 92 千克，体高约 1.75 米。皮张约 1.1 平方米。

### ◆ 养殖

蓝颈鸵鸟平均胴体率 63.5%，瘦肉率 26%。平均年产蛋量 48 枚，最高 134 枚，平均蛋重 1.6 千克，最大可达 2.25 千克。雌雄比 2 ∶ 1，种蛋受精率 70% ～ 80%，孵化率 70% ～ 82%，健雏率 90%。孵化期 42 ～ 44 天。蓝颈鸵鸟日粮主要以青粗饲料为主，种鸟每天需要 1.4 ～ 1.5 千克配合饲料。蓝颈鸵鸟商品鸟生长速度快，比黑颈鸵鸟早 1 ～ 2 月上市，将其作父本用于杂交效果良好。

## 美国七彩山鸡

美国七彩山鸡是肉用型引进特禽品种。又称美国七彩雉鸡、美国山鸡。

### ◆ 品种

美国七彩山鸡是 1881 年美国从中国引进华东亚种雉鸡与蒙古亚种雉鸡杂交选育而成的品种，在美国将其称为中国环颈雉。1986 年，中国从美国引进美国七彩山鸡，各地均有饲养。

### ◆ 形态特征

公美国七彩山鸡喙浅灰色，胫、趾暗灰色或红灰色，胫下段偏内侧长有距。头羽青铜褐色，带有金属闪光，头顶两侧各有一束青铜色眉羽，两眼睑四周布满红色皮肤，两眼上方头顶两侧各有白色眉纹。虹膜红栗色。睑部皮肤红色，并有红色毛状肉柱突起，稀疏分布着细短的褐色羽毛。颈有白色羽毛形成的颈羽环，在胸部处不完全闭合，不闭合处为非白羽段，非白羽段横向长度 2.7 厘米左右。胸部羽铜红色，有金属闪光。背羽黄褐色，羽毛边缘带黑色斑纹。背腰两侧和两肩及翅膀羽黄褐色，羽中间带有蓝黑色。主翼羽 10 根，副翼羽 13 根，轴羽 1 根。尾羽黄褐色，有黑横斑纹，主尾羽 4 对。母鸡喙暗灰色。胫、趾灰色。头顶米黄色或褐色，具黑褐色斑纹。眼四周分布有淡褐色睑毛，眼下方淡红色，虹膜红褐色。睑部淡红色。颈部羽浅栗色，后颈羽基栗色，羽缘黑色。

**美国七彩山鸡**

胸羽沙黄色。翅膀暗褐色，有淡褐色横斑，上部分褐色或棕褐色，下部分沙黄色。主翼羽 10 根，副翼羽 13 根，轴羽 1 根。尾羽黄褐色，有黑色横斑纹。

◆ **养殖**

成年公鸡体重 1300±50 克，母鸡体重 900±30 克。4～5 月龄达性成熟，雄性比雌性晚 1 个月。每年 2～3 月开始产蛋，9 月结束，年产蛋量 80～120 枚，蛋重 28～36 克，蛋壳多为浅橄榄黄色，椭圆形。孵化期 21～23 天。美国七彩山鸡适合于笼养。料重比 3.2∶1。美国七彩山鸡具有适应性和就巢性强的特点，是中国的主要养殖品种。

# 中国山鸡

中国山鸡是中国肉用型地方特禽品种。又称中国雉鸡。

## ◆ 品种

中国山鸡由野生东北亚种雉鸡人工驯化而形成，在中国主产区为吉林、辽宁、河北、山西、内蒙古等地。2012 年被列入《中国畜禽遗传资源志·特种畜禽志》。

## ◆ 形态特征

中国山鸡体形较大，头大小适中，颈长而细，眼大，喙短且弯曲。胸深而丰满，背宽而直，腹紧凑有弹性，肌肉丰满。公鸡羽毛华丽，前额及上嘴基部黑色，头顶及枕部青铜褐色，两侧有宽阔的白色眉纹，眼周及颊部皮肤裸露绯红色，眼下蓝黑色，颌、颧及上喉处和后颈金属绿色，下喉和颈侧紫色，具绿色羽缘。白色颈环宽而完整，背部黑褐色，羽片大部分为白色，外面 V 形黑纹，纹外面浅金黄色宽边。背后部浅蓝灰，靠近中央的羽色有黄、黑和深蓝相间排列的短小横斑。尾上覆羽为黄灰色，腰侧丛生栗黄色发状羽色，两肩及翅上的内侧覆羽白色（羽干两侧黑褐色），外围有黑色颊纹，黑纹外有紫栗色宽阔的边缘，两侧和其余的覆羽浅灰色，大覆羽的边缘稍杂有紫栗色，飞羽浅褐色，杂以浅黄近白的点斑和横斑，中央尾羽黄灰，并具有一系列的黑色横斑。胸部呈带紫的铜红色，有金属反光，羽端具有倒置的锚状黑斑，两颊淡黄，各羽在尖端处有大块的黑斑。腹部黑褐色，尾下覆羽栗色，翅下覆羽黄色，并杂以暗色细斑。母鸡为黑、栗及沙褐色相混杂的羽色，头顶黑色，具栗沙色斑纹。后颈羽基栗色，靠近边缘黑色，羽缘紫灰色；翅暗褐色，有沙褐色横斑。背中部黑色，近边缘处栗色，羽缘沙色或淡黄色。下体浅沙黄色，并杂以栗色。喉部纯棕白色，两胁具有黑褐横斑。雏鸡全身绒毛黑灰色，颧部白色，胸部淡黄色，肋部橘黄色。

◆ **养殖**

成年公鸡体重 1089±117 克，成年母鸡体重 920±81 克。5～6 月龄达体成熟，8～9 月龄达性成熟，公母配比为 1∶（4～5），自然交配。年产蛋量 60～70 枚，蛋重 29～32 克，种蛋受精率 85%，受精蛋孵化率 86%。孵化期 21～23 天。

中国山鸡的饲养方式以地面散养为主，为防止逃窜，须设置围栏及顶网。中国山鸡抗逆性和适应性较强，是中国重要的经济禽类。

## 彩 貂

彩貂是标准水貂的毛色突变种。又称彩色水貂。

彩貂按毛色分为灰蓝色系、浅褐色系、白色系三大色系，共 100 余种毛色。饲养数量与市场需求有关，饲养量大的彩貂色型主要包括银蓝色、咖啡色、白色、米黄色等。

## 银蓝水貂

银蓝色是 20 世纪 30 年代发现的突变色型。银蓝水貂全身被毛呈金属灰色，体形大、抗病力强、繁殖力高。经过近 1 个世纪的选育，银蓝水貂体躯粗大而长，背腹毛色趋于一致，底绒呈淡灰色。针毛密短而直，

分布较均匀，光亮灵活，绒毛丰厚，柔软致密。成年公貂体长 44 ～ 50

银蓝水貂

厘米，体重 3.2 ～ 4.0 千克；成年母貂体长 35 ～ 39 厘米，体重 1.2 ～ 2.0 千克。针毛长 21 ～ 23 毫米，绒毛长 13 ～ 15 毫米，针、绒比例约为 1 ∶ 0.64。群平均成活 5.2 只以上，繁殖成活率 88.8% 以上。

## 咖啡水貂

咖啡水貂毛色在暗环境下与标准黑水貂颜色相近，但光亮环境下针毛呈黑褐色，绒毛呈深咖啡色，且毛色随着光照角度和光照强度发生变化，其毛皮属国际毛皮市场流行色。貂皮质量优良，具有针毛短、细、密、齐，底绒厚、密的特点，是裘皮服装加工的绝佳材料。公貂头较粗犷而方正，颈短、粗、圆，肩、胸部略宽，背腰略呈弧形，后躯丰满、匀称，腹部略垂。母貂头小而纤秀、略呈三角形，体躯粗而长。成年公貂体长 44 ～ 48 厘米，体重 3.2 ～ 3.7 千克；成年母貂体长 34 ～ 38 厘米，体重 1.2 ～ 1.8 千克。9 ～ 10 月龄达到性成熟，公貂利用率 94.6%，母貂平均窝产仔数 5.5 只，群平均成活 4.5 只

咖啡水貂

以上，仔貂成活率 88.7%。

## 红眼白水貂

红眼白水貂被毛呈白色，外表洁净、美观。公貂头圆大、略呈方形，母貂头纤秀、略圆。嘴略顿，眼睛呈粉红色，体躯粗大而长。背腹毛呈一致，被毛丰厚灵活，光泽较强，针毛平齐，分布均匀，毛峰挺直。成年公貂体长 44 ~ 48 厘米，体重 3.2 ~ 3.6 千克；成年母貂体长 35 ~ 40 厘米，体重 1.25 ~ 1.85 千克。9 ~ 10 月龄达性成熟，公貂 11 月下旬至翌年 1 月中旬进入初情期，母貂初情期为 1 月末至 2 月末。种公貂利用率 88.2%，母貂受胎率 89.8%，平均窝产仔数 6.12 只，群产仔数 5.97 只，群平均成活 4.8 只以上。

## 米黄水貂

米黄水貂被毛呈淡黄色，尾毛色稍深。公貂头较粗犷而方正，母貂头小纤秀、略圆。眼睛棕黄色，个别呈粉红色。体躯粗大而长。被毛丰厚灵活，光泽较强，针毛平齐，分布均匀，毛峰挺直。成年公貂体长 44 ~ 48 厘米，体重 3.1 ~ 3.5 千克；成年母貂体长 35 ~ 40 厘米，体重 1.25 ~ 1.80 千克。9 ~ 10 月龄达性成熟，公貂 11 月下旬至翌年 1 月中旬进入初情期，母貂初情期为 1 月末至 2 月末。种公貂利用率 92.5%，母貂受胎率 90.8%，平均窝产仔数 6.2 只，群平均产仔数 5.95 只，群平均成活 5 只以上。

# 水　貂

水貂是食肉目鼬科鼬属的小型毛皮动物。

## ◆ 地理分布

世界各国饲养的水貂均由美洲水貂经长期驯养而来。水貂家养最早始于 19 世纪中叶的美国，已有 150 多年的历史。1956 年，中国从苏联引进水貂，并在黑龙江省的密山县（今密山市）、宁安县（今宁安市）、杜尔伯特蒙古族自治县等地建立了 3 个大型的国营水貂饲养场，以后发展到吉林、辽宁、山东、河北、内蒙古、新疆、青海、甘肃、山西、陕西、河南等地。进入 21 世纪，饲养水貂的地区主要集中在山东、辽宁、吉林、河北、黑龙江和内蒙古东部等地。

## ◆ 分类

水貂在自然界有美洲水貂、欧洲水貂和海水貂（已绝种）3 个种。其中，美洲水貂至少有 12 个亚种。

## ◆ 生物学习性

水貂是半水栖动物，善于游泳和潜水。野生水貂多在近水地带利用

**水貂**

自然形成的岩洞做巢穴，穴内一般铺以鸟兽羽毛或干草，洞口在岸边或水下。洞穴附近多有草丛或树丛作掩护。

水貂是肉食性动物，犬齿非常发达，消化道短，食物通

过消化道的时间仅约 4 小时。自然界水貂以捕捉鱼、虾、蛙、蛇、鼠、野兔和鸟类为食。家养水貂饲粮中动物性饲料约占 75%，植物性饲料一般需熟制后饲喂。

◆ **生活史特征**

水貂为季节性多次发情动物，每年在 2 ～ 3 月发情、交配，发情时间与纬度有关，一般纬度高的地区晚，纬度低的地区早。多于 4 月末或 5 月初产仔，每胎平均产仔 5 ～ 6 只。水貂 7 月龄左右毛皮成熟，10 ～ 11 月龄性成熟。家养水貂寿命可达 12 ～ 15 年，有 8 ～ 10 年的生殖能力。种用水貂可利用年限一般为 3 ～ 5 年。换毛在春季和秋季各 1 次，其中秋季被毛在 11 月中旬至 12 月中旬完全成熟。

◆ **养殖**

水貂的饲养方式为笼养。人工养殖的水貂体形粗大美观，体质坚实健壮，毛绒品质好。针毛平齐而光亮，绒毛细密而丰满。早期引进的水貂，成年雄性水貂体长 38 ～ 42 厘米，体重 1.6 ～ 2.2 千克，尾长 16 ～ 22 厘米；成年雌性水貂体长 34 ～ 37 厘米，体重 0.7 ～ 1.1 千克，尾长 14 ～ 17 厘米。经过多个世代的选育，家养水貂体形发生了较大改变。

◆ **经济价值**

人工饲养水貂的主要目的是获取制裘原料，即水貂皮。水貂皮是世界上三大裘皮之一，针毛分布均匀、平齐、灵活，色泽光亮美观；绒毛丰厚、稠密、细软；皮板轻、薄、坚韧；经鞣制后，适于制作各种裘皮服装、服饰制品，如长短大衣、皮帽、夹克衫、披肩、斗篷、围巾、服装镶边等，是世界公认的毛皮中的精品，被誉为"软黄金"。

# 鹿

鹿是鹿科动物的总称。

## ◆ 地理分布

鹿广泛分布于欧亚大陆、北美洲以及南美洲的南纬40°以北地区和非洲西南部。栖息于苔原、草原、林区、荒漠、灌丛和沼泽。

## ◆ 分类

鹿科是哺乳动物中的大科，含3亚科17属48种。中国境内现存9属17种。

## ◆ 形态特征

鹿科动物的最大特点是眼窝凹陷，有颜面腺、足腺，无胆囊。体形差异巨大。雄性鹿的体形大于雌鹿。鹿分布在中国大兴安岭、小兴安岭。美国、加拿大及欧洲北部的驼鹿最大，体长210～290厘米，体高200～230厘米，体重450～800千克。产于南美洲安第斯山脉中海拔以下森林中的普度鹿最小，体长75～85厘米，体重8～10千克。鹿科动物胃有4室，反刍。无上门齿，牙齿32～34枚。腿细长，善于奔跑。

鹿

鹿的角是雄鹿的第二特征（仅驯鹿雌雄皆生角），也是繁殖季节争偶的武器。角的形状各异，具有明显的种属特征。

角的大小差距极显著，马鹿茸（嫩角）质量可达 40 千克，普度鹿角重仅 30 克。鹿的角着生于鹿额骨的顶部，每年脱落和再生 1 次。鹿角的形成过程包括两个明显不同的阶段：①从初角茸由角柄发生（幼鹿）或再生（成年鹿）到茸皮脱落前，即有茸皮的阶段。②从茸皮脱落到骨角脱落的阶段，即裸露骨角的阶段。人们习惯上把前一阶段幼嫩的角叫作鹿茸，把后一阶段骨化的角叫作鹿角，鹿茸和鹿角总称茸角。

鹿的茸角并不是直接从鹿的额骨长出，而是一种被称为角柄的骨桩的延续。鹿不是生下来就长有角柄，是在雄性鹿长到青春期时由额骨上的两个外脊形成的。新发生的初角茸由于皮肤的不同，可以很容易地与角柄区分开。发生后的初角茸立即进入快速生长发育期，初角茸的生长速度要比角柄的快十几倍。随着秋天配种季节的到来，初角茸的生长速度逐渐减慢直至完全停止。随之而来的是茸皮的干枯和脱落，此时裸露的骨角将被作为鹿配种期顶斗时的武器。雌鹿（驯鹿除外）不生角，但具有生长茸角的潜能。

鹿的毛色冬深夏浅，多为红棕色至深棕色。多数幼鹿有白色斑点，成年后斑点消失，梅花鹿、豚鹿和黇鹿成年后仍保留了斑点。鹿第一趾已完全退化，只剩 4 趾，第三和第四趾发达，支撑身体重量，第二和第五趾退化变小。雌鹿有 2 对乳头。

◆ **生活史特征**

热带鹿没有固定的繁殖季节，一年发情多次；温带鹿晚秋至冬季交配，一雄多雌，多数鹿胎产 1 仔，也有少数鹿产 2～4 仔。

## ◆ 价值

人工驯养成功的鹿种主要有驯鹿、梅花鹿、马鹿和水鹿。鹿具有极高的经济价值和生态价值。《中华人民共和国药典》中记载，梅花鹿、马鹿的鹿茸和鹿角具有药用价值。

# 敖鲁古雅驯鹿

敖鲁古雅驯鹿是中国唯一耐寒力极强的鹿类动物。

## ◆ 地理分布

敖鲁古雅驯鹿是放牧型品种。主要分布在大兴安岭西北坡，游牧于满归、敖鲁古雅、乌琪洛夫、金汉根河和阿尔山一带。2006 年，中国国家畜禽遗传资源委员会将分布在中国的驯鹿正式命名为敖鲁古雅驯鹿。2012 年，敖鲁古雅驯鹿被收入《中国畜禽遗传资源志·特种畜禽志》。

## ◆ 驯化

驯鹿驯化成为家畜的历史悠久。公元 5 世纪，《梁书》对北方驯养驯鹿的部落就有"养鹿如养牛""鹿车"等记载。17 世纪中后期，生活在贝加尔湖的鄂温克人为躲避战乱，带着驯鹿迁徙到额尔古纳河右岸的原始森林中生活。随着时间的推移，这部分鄂温克人逐渐分化为从事农耕、游牧（放牧大家畜）和放牧驯鹿（敖鲁古雅的鄂温克人）的 3 个分支。驯鹿是敖鲁古雅鄂温克人的主要生产资料。

## ◆ 形态特征

敖鲁古雅驯鹿是中型鹿，体躯较大，额宽、颈短粗。公鹿体高 100 ～ 122 厘米，体长 102 ～ 133 厘米，体重 120 ～ 170 千克，胸围

101～141厘米，管围10～16厘米；母鹿体高85～114厘米，体长96～114厘米，体重100～150千克，胸围97～139厘米，管围10～14厘米。被毛厚密，有灰褐色、灰黑色、白色和花色4种颜色。夏季颜色明显，冬季变浅。驯鹿上唇全部覆盖被毛，鼻镜不裸露。四肢细长，蹄圆，侧蹄阔大，蹄周围生有很多刚毛，刚毛很细，但其弹性、硬度、韧性都比较强，形成毛刷，增加了蹄的着地面积，使其可以在雪地、冰上、沼泽地上快速行走。

敖鲁古雅驯鹿是鹿科动物中唯一公鹿、母鹿皆有角的动物。公鹿角分权一般在4个以上，最多分权可达8个，甚至更多。母鹿角较小，分权也相对少。仔鹿出生7天后开始长角，细小不分权。角第一侧枝扁平状，可在雪地里挖找食物，又称铲雪器。公鹿角的脱落时间早于母鹿角。体重125千克左右的成年鹿可产肉约60千克；母鹿产后每天挤奶1次，奶量300～500克。

◆ **生物学习性**

大兴安岭西北坡独特的生态条件，为敖鲁古雅驯鹿的种群繁衍提供了良好的生存环境。敖鲁古雅驯鹿耐寒而畏热，喜湿润、怕干燥，惧蚊虫；群居性强，行动敏捷，喜食地衣类植物，也吃嫩桦树、椴树的枝叶以及一些其他植物的茎、叶、花、果；对狼、熊等天敌避害能力弱，特别是幼鹿，经常受到天敌危害而损失较大。

◆ **经济价值**

敖鲁古雅驯鹿性情温驯，既是鄂温克人重要的役用和奶源动物，又是珍稀的观赏动物，具有很高的经济价值。驯鹿肉细嫩、鲜美；驯鹿皮是高级皮革原料，鞣制后保暖性好。

# 新西兰赤鹿

新西兰赤鹿是源于苏格兰、英格兰和德国的欧洲赤鹿。

1851 年，赤鹿由英国移民引入新西兰岛。早期移民喜欢将鹿放归野外狩猎，一些赤鹿逃到了自然环境中。赤鹿在没有天敌，水草丰盛、森林资源丰富的自然环境中快速繁衍。仅过了 50 年的时间，野外赤鹿就呈现爆炸式增长，遍布了新西兰南阿尔卑斯山，破坏了大量的植被，打破了生态平衡。政府开始鼓励人们猎取赤鹿，也逐步开始了赤鹿在新西兰商业化饲养的历史。

## ◆ 形态特征

新西兰赤鹿和原产地品种相比发生了较大变化。新西兰赤鹿体形中等。成年公鹿体高 114 ～ 127 厘米，体重 145 ～ 189 千克；成年母鹿体高 100 ～ 117 厘米，体重 122 ～ 164 千克。角冠多分枝，尖端呈杯状。

## ◆ 经济价值

新西兰赤鹿在新西兰经过一个多世纪的风土驯化，形成适合围栏放牧的家养赤鹿种群。新西兰牧民将成熟的牛羊放牧管理技术应用到了赤鹿的饲养中，很快形成了完整的赤

**新西兰赤鹿**

鹿放牧管理技术。20世纪70年代，新西兰已基本形成以生产鹿肉、鹿茸为目的的大规模赤鹿饲养业，且已引种到澳大利亚、智利、阿根廷、韩国和中国等多个国家。2012年，新西兰赤鹿在中国被收入《中国畜禽遗传资源志·特种畜禽志》。

# 东北马鹿

东北马鹿是中国东北地区在马鹿东北亚种基础上经长期自然或人为选择形成的大型鹿品种。又称黄臀赤鹿、八杈鹿。

◆ **形态特征**

东北马鹿体形较野生的大，有2种类型。生长在小兴安岭地区的体形较小，生长在长白山地区的体形略大。东北马鹿躯干平直，颈长占体长的1/3。头形似马，呈楔形，眶下腺发达，泪窝明显。口角周围及下唇为黑色，下唇两侧有对称的黑色斑。四肢细长，强健有力，蹄大而圆。

夏季被毛为红棕色或栗色，冬季被毛厚密呈灰褐色；腹部及四肢内侧被毛及股内侧为白色。臀斑大呈浅黄色。颈部鬣毛较长，冬季髯毛黑长。初生仔鹿有类似梅花鹿样明显的白色花斑，待换冬毛时花斑消失。茸角的分生点较低，为双门桩（单门桩率很低）；眉、冰枝的间距很近，主干和眉枝较短；茸质较密实，茸毛为黑褐色。成角多可分6～8杈。

◆ **生物学习性**

东北马鹿喜欢群居。夏季多在夜间和清晨活动，冬季多在白天活动。善于奔跑和游泳。

◆ **生活史特征**

东北马鹿母鹿 28 个月龄性成熟，部分 16 个月龄达性成熟，适配年龄为 37 月龄。公鹿性成熟 37 月龄，配种年龄为 45 月龄。8 月中旬至 11 月上旬为发情配种期，胎产 1 仔，妊娠期 145 天，繁殖成活率 65% ～ 73%。

◆ **养殖**

东北马鹿性情较温驯，适应性强，耐粗饲，有放牧和圈养两种方式，易于管理，但繁殖季节野性变强。放牧饲养主要分布在内蒙古东部牧草丰盛地区，生茸期、繁殖期补饲精料；圈养主要在黑龙江、吉林等地农区，饲料以玉米青贮、干草、农作物秸秆为主，在生茸期、繁殖期等重要季节要补饲精料。一般按年龄、性别及体强弱分群；配种期要加强对公鹿的管理，对凶悍的公鹿和高产公鹿宜单圈饲养，以免因争雄顶斗造成伤亡。

◆ **价值**

2012 年，东北马鹿在中国被收入《中国畜禽遗传资源志·特种畜禽志》。马鹿茸被收录进《中华人民共和国药典》，并明确了马鹿茸的药用价值。


# 天山马鹿

天山马鹿是中国马鹿的亚种。俗称青皮马鹿、黄眼鹿。

◆ **地理分布**

天山马鹿在中国分布于新疆维吾尔自治区天山山脉，属于国家二级保护野生动物。驯养的天山马鹿分成东部和西部两部分。西部自 20 世纪 50 年代开始捕捉野生鹿驯养，培育出伊河马鹿，中心产区为伊犁哈萨克自治州察布查尔锡伯自治县、伊宁市、伊宁县；2012 年被收入《中国畜禽遗传资源志·特种畜禽志》。东部天山马鹿中心产区为乌鲁木齐市、沙湾县（今沙湾市）、奇台县等。

◆ **形态特征**

天山马鹿躯体粗壮，头长额宽，四肢强健。被毛夏季为深灰色，冬季为浅灰褐色，臀斑为白色，头部、颈部、四肢的被毛呈明显的深灰色和灰褐色。初生仔鹿体两侧有与梅花鹿相似的斑点。成年公鹿体长 126.0 ～ 150.0 厘米，体高 124.9 ～ 133.4 厘米，体重 157 ～ 280 千克；成年母鹿体长 115.0 ～ 121.4 厘米，体高 113.0 ～ 117.4 厘米，体重 166 ～ 220 千克。

◆ **生活史特征**

天山马鹿公鹿 3 岁性成熟，母鹿 1.5 岁性成熟。每年 9 ～ 11 月发情交配，妊娠期 247 天左右，繁殖成活率 65% 以上。

◆ **养殖**

天山马鹿以舍饲饲养为主，也有草地放牧群体。天山马鹿在中国已引种到内蒙古自治区、甘肃省及东北等地，引种到东北地区后经过 30 余年的风土驯化培育出高产的清原马鹿新品种，产茸量明显优于纯种的天山马鹿。家养天山马鹿性情温驯，耐粗饲，抗病力、繁殖力和适应性强，产茸量高。成年公鹿三杈茸鲜重 6 千克以上，最高个体产三杈茸鲜重达 30 余千克。茸毛呈灰黑色或灰白色，茸质较嫩。

# 本书编著者名单

**编著者** （按姓氏笔画排列）

马大君　　王恩东　　邢秀梅　　伍惠生

华树芳　　李　贞　　李湘涛　　杨　定

杨福合　　杨德国　　吴　琼　　张海翔

张婷婷　　陈再忠　　陈学新　　武春生

徐学农　　高秀华　　章之蓉　　傅毅远

赖松家　　谭　瑶　　戴　丁　　魏海军